新版 これならわかる 化学実験

田中　晶善 著

三共出版

新版にあたって

　本書の第二版が出版されてから16年が経った．この間，増刷の際に細部の修正等を行ってきたが，今般，全体的な見直しを行い，「新版」として新たに発行することとした．

　細かい多数の修正を別とすれば，新版としては一部の解説をやや詳しくし，また廃液処理をより厳密にしたほか，巻末記載の「参考書」を入手容易なものに変更した．他方，実験内容そのものに大きな変更はなく，旧版をご使用の大学等でも引き続き問題なくお使いいただけるはずである．

　化学実験は化学の知識・技能の向上に資することは言うまでもないが，実験内容を事前に把握し，安全性や廃液処理などに気を配りながら操作を行い，得られた結果を解釈し，それを体系的に言語化して第三者が理解可能なレポートにまとめる，という複雑な事柄が一体となった，いわば総合学習の性格を強く持っている．本実験書では実験として10項目（12回）を設定しているが，個別実験の実施のみならず，レポートの作成法や考え方を具体的に説明するなど，化学実験の総合学習的側面を意識した実験講義が複数回設けられれば，汎用的能力や態度・姿勢という面での学修効果も期待できるものと思う．

　今回の新版作成に際し，三重大学全学共通教育センターの藤森豊氏の変わらぬ助力を得た．記して謝意を表する．

　2024年春

著　者

はじめに

　本書は，大学初年級の半年間1単位の化学実験用テキストとして編集したものである．基本操作のほか，無機化学，有機化学，物理化学，分析化学の入門的な実験を収録した．

　本書で取り上げた実験は，受講生にとっては化学の基礎概念や化学実験の基本操作を学ぶことができ，また，担当教員にとっては，どこの化学実験室にもある汎用の実験器具と試薬を用いることができ，ランニングコストも低くおさえられるようにデザインした．

　理科系学部でも，高校で化学を十分履修せずに進学する学生が少なくない．また，履修者であっても実験はあまり経験していない場合が多い．本書ではそのような現状を考え，初歩的と考えられる内容も含めるとともに，煩雑にならない範囲の解説を加えた．

　実験としては11項目を挙げているが，「実験の基本操作」で扱っている内容を最初の2週程度，指導教員の実験講義と並行させながら学習すると，その後の実験がスムーズに進むと思われる．

　本書は，筆者の勤務先大学の一般教育において，長年，1～2年次開講の化学実験テキストとして用いたものをベースとしており，その間の受講生や担当教員の声を取り入れた．標準実験時間の表示はその一例である．

　誤植訂正や追加記事等は，三共出版ホームページhttp://www.sankyoshuppan.co.jp/　に掲載する予定である．

　三重大学教育学部化学教室，野本健雄教授，新居淳二教授はじめ，同教室新旧教員のご指導・ご助力を得た．さらに化学実験担当の先生方には種々のコメントをいただいた．記して感謝する．

第2版への追記

　第2版では初版での誤植等を正すとともに，実験10「時計反応の反応速度」の項を詳しく書き改め，また新たに「実験12　吸光度と吸収スペクトルの測定」を加えた．

　奥村都子，橋本忠範，水野隆文，三宅英雄の諸先生には実際に使用してのご意見をいただき，内容の改善に反映することができた．また，三重大学学務部の藤森豊氏には引き続きお世話になった．記して謝意を表する．

　2008年春

著　者

目　　次

Ⅲ 付　録

Ⅰ 始める前に

Ⅰ 始める前に	留意事項

化学実験は楽しい作業である．その楽しさを味わい，実習を実り豊かなものにするために，また，事故を起こさないようにするために，はじめに若干の留意事項をまとめる．

一般的留意事項

1．毎回，実験冒頭に，当日の実験に関する短い講義やガイダンスがある．実験開始時間に遅れないように集合する．

2．実験室には，実験に必要なものと貴重品のみを持ち込み，その他は，指定のロッカーなどに入れる．

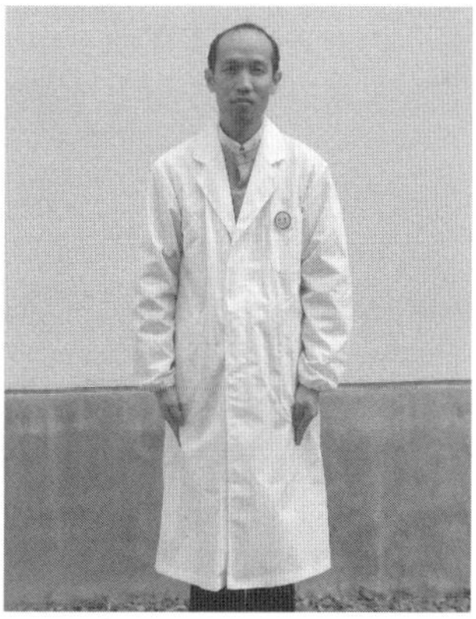

3．実験室では，実験着（白衣）を着用する（図1－1）．白衣の胸ポケットの位置に名前を記入するか，名札を付ける．実験器具を引っかけたりしないように，袖口は閉じられるようにしておく．

図1－1　実験着（白衣）

4．毎回，実験が終了したら，実験結果を「Ⅲ 付録」にある**実験シート**とともに提示し，実験終了印を受ける（このシートをレポートの表紙とする）．その後，「Ⅲ 付録」にある**点検票**にしたがって後片付けを行い，指定の場所に投函して退出する．

5．毎回，数名ずつ，掃除当番が割り当てられる．当番に当たっている場合は，実験終了後，配布する**掃除当番票**にしたがい若干の作業を行う．掃除当番作業終了後は，掃除当番票に名前を記入して退室する．

実験室での安全に関する注意

1. 実験室に食べ物を持ち込まない．飲食（ガム等を含む）や喫煙は厳禁である．

2. 実験室内で，走ったり，ふざけたり，大声で話したりしない．

3. 実験室では運動しやすく滑りにくい靴を履く．ハイヒール，下駄，サンダル，ブーツ等は禁止する．

4. 実験台には当面の実験操作に必要なものだけを整理して置き，実験台を広く使うようにする．

5. スマートフォン類は，結果の記録，計時，計算等，実験に必要な場合を除き，電源を切っておく．オーディオプレーヤー，ゲーム機等は実験室に持ち込まない．

6. 実験中は保護メガネ（図1－2）を着用する．コンタクトレンズは使用せず，メガネの上に保護メガネを着用する．

7. 破損したガラス器具は，付着している試薬を水洗いしてから捨てる．

8. 床に落ちているガラス破片は，必ず拾ってガラスくず入れに入れる．

9. 実験中は必ず換気扇およびドラフト（ドラフトチャンバー；図1－3）を稼働させる．時々窓を開けて外気を入れる．

10. 有毒性・刺激性の気体を取り扱う場合は，必ずドラフト内で行う．ドラフト内には，手だけを入れて実験操作する．決して頭を入れてはならない．

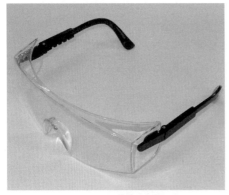

図1－2　保護メガネ

図1－3　ドラフトチャンバー

11. 古くなって割れ目のできたガス管は，担当教員に申し出て取り替える．

12. ガスバーナーに点火したまま，席を離れてはならない．

13. 試験管以外のものを直火で加熱しない（遠心管も不可）．

14. 薬品などをこぼしたり，床に水をこぼしたときは雑巾ですぐ拭き取る．

15. 試薬ビンのふたは使用後すぐに閉める．

16. テキストに「流しへ捨てる」と明記してある場合を除き，流しに実験廃液を捨ててはいけない．必ず指定された容器に捨てる．紙くず，ガラスの破片はそれぞれ指定された容器に捨てる（図1－4）．

17. 強酸や強アルカリなどが皮膚についた場合は，直ちに大量の水道水で洗い流す．やけどをした場合も，流水で20分以上冷やす．

18. 緊急用シャワー，洗顔器の設備がある場合は，場所と使い方を確認しておく．

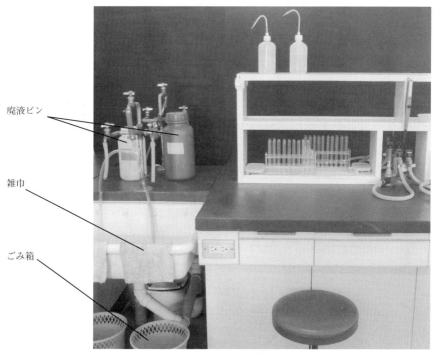

廃液ビン

雑巾

ごみ箱

図1－4　実験台と流しの例

学習上の留意点

予習をしよう

　予習をすることにより，実験を楽しく有益に，また，安全に手早く行うことができる．実験室に入ってから初めてテキストを開くようでは，テキストと首っ引きになってしまい，実験操作そのものがおろそかになって危険である．予習をせずに実験に臨むことは，それ自体が危険行為と言える．

　また，たとえ実験が予想通りに進まなかった場合でも，予習がしてあれば少し実験条件を変えて試してみることもでき，実験内容の理解や興味を深めることにもつながる．

観察と記録

　実験の経過（反応物の外観，液性と色の変化，沈殿の生成など）をよく観察し，その場でノートに記録する習慣をつける．これは，化学実験に限らず，実験科学一般に重要な習慣である．

レポート

　実験を終えたらレポートを作成し，締め切りまでに指定の場所に提出する．提出したレポートが合格して，その実験が終了となる．

その他

　単位認定の方針や条件などは，シラバスを参照のこと．

レポートの書き方

　Ａ４のレポート用紙を用い，３枚程度にまとめる．本書巻末にある実験シートを表紙として添付し，必ず左上を**ホチキスで止める**．

　自筆の場合，達筆である必要はないが，ていねいに読みやすい字で書く．ワードプロセッサ使用等については，担当教員の指示にしたがう．

　実験の内容を次のように区分して報告する．

　１．序論

　　実験の内容の概要，原理，目的を簡潔に記す．

　２．実験方法

　　用いた器具や試薬などを記す．

　３．経過・結果

　　どのような操作を行い，どのような結果が得られたか，各自の実験観察結果を簡潔に記す．実際に行った操作や結果を**過去形**で記す．たとえば「ＡにＢを加えると，沈殿が生成する」というような表現は不適切である．これは「ＡにＢを加えたら，沈殿が生成した」と書くべきである．生じなかったら「沈殿は生じなかった」と記す．その理由についての考察は次項に記す．

　４．考察

　　得られた結果についての化学的考察を記す．予想と異なる結果が得られたときは，その理由を考えてこの項で書く．

　５．その他

　　実験について調べたことや感想などを記す．

　上記の項目立ては標準的なものであるが，常にこれに従わねばならないわけではない．「実験方法」の部に実験器具，試薬，経過について記し，「結果」を独立した項目としてもよい．また，実験内容によっては，「結果と考察」を一項目としてまとめる方法もある．
　なお，レポートを紙媒体ではなく，電子ファイルとして提出する場合もあるので，教員の指示に従う．

I 始める前に

実験の基本操作

実験では様々な操作を行うが，多くの実験で共通する基本的な操作がある．その基本操作についてまとめる．

試薬の取り扱い

試薬は，必要十分な量のみを取る．これは，実験を成功に導くためのもっとも大切なコツのひとつである．薬品は，必要以上に取ると反応そのものがうまく進行しない．また，有害廃液を増すことにもなる．

使用するときは，使用しようとする試薬かどうかラベルを確かめる．一度試薬ビンから取り出した試薬は，元のビンに戻してはいけない．これは，試薬の汚染を防ぐためである．

図1－5　試薬はもとに戻さない

液体の場合

試薬ビンから取るとき，スポイトやピペットを直接試薬につけない．試薬をスポイト等から加えるときも，スポイトを加える液に直接つけないように注意する．

ラベルを上に

a)

b)

図1－6　液体試薬の取り方

a) 試薬ビンの最後の滴もこぼさないように受け器につけて移す．

b) 試薬ビンを持つときは，ラベルが上側になるように，ラベルを手で包むようにして持つ．ガラス棒を試薬ビンの口に添えて液を移すと飛散しない．

　スポイトは，小指・薬指と掌との間にはさみ，親指と人さし指でゴム帽をつまむような形で持ち，液を1滴ずつ加える（図1－7）．ゴムキャップの中に液が入りこまないように注意する（スポイトの使い方の詳細は，24ページを参照）．

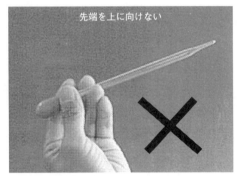

先端を上に向けない

図1－7　スポイトの使い方

固体の場合

a)

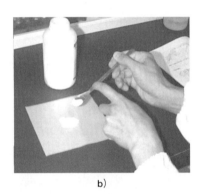

b)

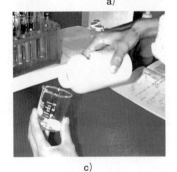

c)

a)　必要量を薬さじで取る．
b)　薬さじを軽くたたいて必要量を取る．
c)　試薬ビンを回しながら取る．

図1－8　固体試薬の色々な取り方

　さじ加減　素人目には　惜しいやう　　（誹風柳多留）

ガラス器具の洗い方

　ガラス器具は，外側から洗う．最初に水道水を用い，ブラシに洗剤をつけて外壁を洗う．外側についた洗剤はよく流し取っておかないと，手がすべって器具を落とす原因となる．

　次に内側をよく洗う．試験管を洗うときは，はじめに，試験管にブラシを当ててその長さを計り，試験管より少し短めにブラシを持ち，試験管の底を突き破らないように注意する．

　その後，器具についている洗剤を水道水できれいにすすぐ．きれいに洗えたかどうかは，水をかけてみてガラス壁が一様にぬれるかどうかで分かる．

　最後に洗ビン（洗浄瓶）の蒸溜水で外側を洗い，内側を数回すすぐ（洗ビン内の蒸留水は，適宜，共通の蒸留水ビンから各自で補充する）．

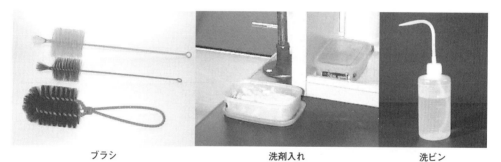

| ブラシ | 洗剤入れ | 洗ビン |

図1－9　ガラス器具を洗うときに使用するもの

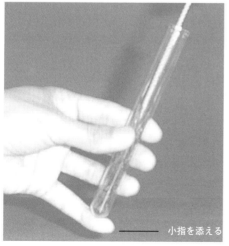

―――― 小指を添える

図1－10　試験管の洗い方

図1－11　共通の蒸留水ビンの例

ガスバーナーの使い方

　まず，ガスの元栓が閉まっているなどガスが流出しない状態で，空気調節ネジ（上のネジ）とガス調節ネジ（下のネジ）がよく回るか点検した後，いずれのネジも閉じた状態（上から見て右回りに回し切った状態）にする．このとき，固く締めすぎないように注意する．

　元栓がある場合は開いた後，圧電式電子ライターや点火したマッチなどをガスバーナーの炎口付近に近づけ，他方の手でガス調節ネジを回してガスを出し，ガスバーナーに点火する．

　ライターやマッチは，ガスバーナー炎口の真上ではなく，斜め上2〜3cmのところに持ってくると点火させやすい．

　その後，ガス調節ネジが回転しないように軽く押さえた状態で，空気調節ネジ（上のネジ）を回して，透明な青白い炎になるまで適当量の空気を入れる．入れすぎると炎が突然消えたり，ガスバーナー底部でボッと音を出しながら燃えることがある．このようなときは，直ちに元栓を閉じ，少し冷却してから再び点火する．

　いずれのネジも急に回してはいけないが，恐る恐るゆっくり回してもうまく点火できない．数度試してコツをつかむとよい．

　火を消すときは，空気調節ネジを回して空気を止め，次にガス調節ネジを締め，元栓がある場合は最後に元栓を閉じる．空気調節ネジ，ガス調節ネジは，固く締めすぎないようにする．

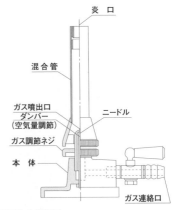

図1−12　ガスバーナーの外観と内部構造

　ガスバーナーの原型は化学者のブンゼンが発明した．そのため，ガスバーナーはしばしばブンゼンバーナーといわれる．現在多く使われているものは，ブンゼン型に改良を加えたものでテクルバーナーと呼ばれるが，厳密な区別をせずにこれもブンゼンバーナーということがある．

沈殿の分離

分離の方法

沈殿を母液から分離するためには，3つの方法がある．

1．傾斜法（傾瀉法；デカンテーション decantation ともいう）

　　沈殿を生じた溶液を静置して沈殿を完全に沈降させ，容器を傾けて上澄液だけを除く方法である．簡便であり，大量のサンプルにも使える．ただし，十分な分離はできない．

2．遠心分離

　　沈殿を含んだ液を高速で回転させたとき，沈殿と溶液に働く遠心力の差を利用する方法．遠心分離器を用いる．

3．濾過

　　無機分析実験では，析出した沈殿を母液から分離して取り出す目的で行う．普通，濾紙を用いて行う．

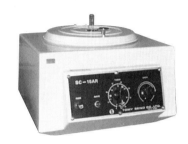

図1-13　遠心分離器

遠心分離器の使用法

　2本の遠心管ケースに遠心分離したい遠心管（スピッツ管）を入れ，バランサー（上皿天秤）を用いてバランスを取る．遠心分離器のローター部に必ず対角線上になるように入れる．2本以上の遠心管がある場合は，遠心管ケースと共に一組ごとにバランスを取り，ローター対角線上に入れる．対角線上の一組ごとにバランスが取れていればよく，すべての遠心管が同じ重量になっている必要はない．遠心分離したい沈殿を含む溶液が1本しかないときには，他方の遠心管には水を入れて同じように取り扱う．

図1-14　バランサー

図1-15　遠心分離器のローター部

　回転中は大きな力が遠心管の底にかか
る．そこで，遠心管が割れないようにゴム
製のクッションを遠心管ケースの底に必ず
入れる．万一割れた場合，遠心管ケースご
と取り出し，すすぎながら内容物をビーカ
ーなどに入れ，ガラス破片を取り出し捨て
る．沈殿を含む液が貴重な場合は，ガラス
破片を取り除いた後，試験管などに回収し，
沈殿を溶かして濾過したのち，再び沈殿させることもできる．

図1-16　遠心管ケースとゴムクッション

　回転中は遠心力が働くため，液面は直立する．したがって，試料液を遠
心管一杯に入れると，こぼれてしまうので，**液量は8分目以下におさえる**．

　タイマーのスイッチを入れ，スピードコントロールつまみを回してタコ
メーター（回転計）を見ながら回転数を2000〜2500 rpmまで徐々に上げる．
遠心分離の時間は沈殿の物性にもよるが，1〜2分程度とする．遠心分離
器のタイマーを1〜2分に設定するのはむずかしいことがあるので，その
ような場合は，10分程度に設定し，腕時計の秒針などで時間を計って遠心
分離した後，スイッチを切る．

　ローターの回転が完全に止まるまで絶対に回転軸などに触れないこと．
回転が完全にとまったことを確認してからドアーを開ける．回転軸をつか
むなどして回転を止めると，危険なだけでなく，沈殿が乱れて実験が失敗
したり，ローターの回転軸が折れたりすることがある．

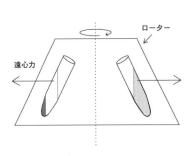

図1-17　回転中の液面

図1-18　タコメーターの例

　図1-18のタコメーターは回転軸の上端に取り付けられている（図1-13上部の突起）．回
転数の上昇に伴って，内部に封入された液体の液面が放物面状になり，その深さ，すなわ
ち下端の位置から回転数がわかる．
　一般には，指針式やデジタル式のタコメーターが多い．

遠心分離による沈殿の洗い方

　沈殿には必ず多少の母液が付着しているので，それを除く洗浄の操作が大切になる．

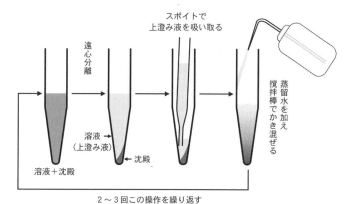

図1－19　沈殿の洗浄

濾紙を用いた濾過

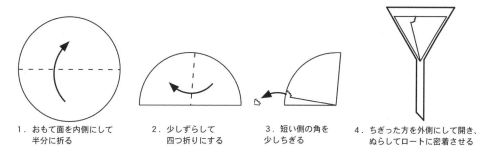

1．おもて面を内側にして半分に折る

2．少しずらして四つ折りにする

3．短い側の角を少しちぎる

4．ちぎった方を外側にして開き，ぬらしてロートに密着させる

図1－20　4つ折り濾紙の折り方

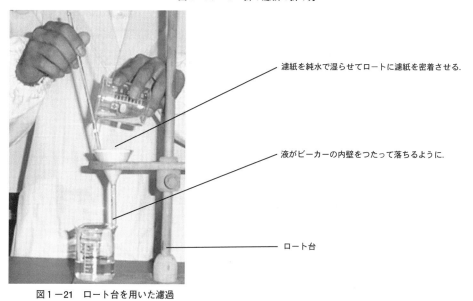

濾紙を純水で湿らせてロートに濾紙を密着させる．

液がビーカーの内壁をつたって落ちるように．

ロート台

図1－21　ロート台を用いた濾過

加熱の方法

　試験管やビーカーなどに入った液体を加熱するには，次のような方法がある．実験目的を考えて選ぶ．

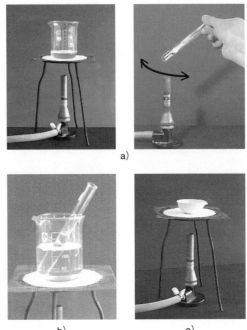

図1－22　加熱の方法

a) 直接加熱

　突沸に注意して行う．試験管を加熱する場合は，上端付近を持ち，下端が炎を出入りするように手首を中心に振る．ごく短時間で加熱できるので，突沸に注意する．試験管内の液が多めの場合は特に，下端のみを加熱すると突沸しやすいので，液は少なめ（試験管容量の1／5以下）にする．試験管の口を人の方に向けてはならない．遠心管は試験管と似た形状だが，直接加熱してはならない．

b) 湯浴

　水道水をビーカーにとって加温し，その中に加熱したい試験管や遠心管をつける．若干の時間が必要だが，安全に加熱できる．ビーカー中の水が少なくなりすぎないよう注意する．

c) 蒸発乾固

　弱い直火で加熱する．蒸発させるとき有毒ガスを発生することがある．そのような恐れのあるときはドラフトで行う．

　化学実験では，濃厚な酸・アルカリ溶液（以下，conc.試薬と表現する）とともに，これらを希釈した溶液も用いる．濃度の単位と希釈法についてまとめておく．

「モル濃度」と「規定度」

　我々が扱う物質には膨大な数の原子や分子が含まれている．たとえば 1 mL の水には，水分子がおよそ 330,0000,0000,0000,0000,0000 個含まれている．しかし，このような表現では桁数が大きくなりすぎて不便である．そこで，原子量や分子量と関連の深い「6.0×10^{23} 個」をひとまとまりにして，これを 1 mol と名付ける．mol は「物質量」の単位である．

　原子の場合は原子量に，また分子の場合は分子量に「g」をつけた量が，その原子や分子の 1 mol である．たとえば，水素原子の原子量は 1 であるから，水素原子 1 g が水素原子の 1 mol であり，その中に，水素原子が 6.0×10^{23} 個含まれる．水の分子量は 18 であるから，18 g が水の 1 mol であり，水分子が 6.0×10^{23} 個含まれる．

　濃度の単位として，1 L 中の物質量，$\mathrm{mol\ L^{-1}}$（= mol/L）をしばしば用いる．これを，モル濃度（体積モル濃度）という．$1\ \mathrm{mol\ L^{-1}}$ を 1M と表記することが多い．本書でも原則としてこの表記を用いる．

　酸やアルカリの濃度を表す場合には，「規定度」という単位も用いられる．これは，解離して酸やアルカリの性質を与える $\mathrm{H^+}$ や $\mathrm{OH^-}$ のモル濃度のことである．近年は「規定度」を使用しないようになっているが，酸としての濃度，アルカリとしての濃度を表現するには，モル濃度よりも適切な場合がある（85ページ参照）．

　塩酸の場合，HCl は解離して $\mathrm{H^+}$ と $\mathrm{Cl^-}$ になるので，1 mol の HCl からは 1 mol の $\mathrm{H^+}$ が放出される．したがってこの場合，モル濃度と規定度は等しい．つまり，1 M（$1\ \mathrm{mol\ L^{-1}}$）の塩酸の規定度は 1 である．この濃度を 1 規定，または 1 N と表現する．これに対して，1 mol の硫酸 $\mathrm{H_2SO_4}$ からは 2 mol の $\mathrm{H^+}$ が放出される．したがって，1 M の $\mathrm{H_2SO_4}$ の規定度は 2（濃度は 2 規定，2 N）である．

　アルカリの場合も同じように考えればよい．すなわち，NaOH ではモル濃度と規定度が等しいが，$\mathrm{Ba(OH)_2}$ では，規定度の数値はモル濃度の数値の 2 倍となる．

　本書で扱う範囲では，モル濃度と規定度の数値が異なるのは硫酸だけである．

希釈法

本実験で用いる酸，塩基溶液の性状は次の通りである．

	表記	分子量・式量	濃度 %	密度 g cm^{-3}	モル濃度 mol L^{-1}	規定度 N
濃塩酸	conc.HCl	36.5	36	1.18	12	12
濃硫酸	conc.H$_2$SO$_4$	98.1	97	1.84	18	36
濃硝酸	conc.HNO$_3$	63.0	61	1.38	16	16
氷酢酸	conc.CH$_3$COOH	60.1	99	1.06	17	17
濃アンモニア水	conc.NH$_3$aq	17.0	25	0.91	14.5	14.5

これらを，蒸留水で希釈し，6 M HCl や 3 M H$_2$SO$_4$（＝ 6 N H$_2$SO$_4$）溶液をそれぞれ約 50 mL 作る場合を考える．

濃塩酸は 12 M であるから，6 M 溶液を作るには 2 倍に薄める，つまり等量の蒸留水と混合すればよい（濃塩酸 25 mL と蒸留水 25 mL を混合すると，6 M の塩酸が 50 mL できる）．

また，濃硫酸は 18 M であるから，3 M 溶液を作るには 6 倍に薄める，つまり 5 倍量の蒸留水と混合すればよい．すなわち濃硫酸 8 mL と蒸留水 40 mL を混合すると，3 M の硫酸が 48 mL できる．

一般に，**n 倍に薄めるには (n−1) 倍の体積の蒸留水と混合すればよい．また，希釈液を x mL 作成するのに必要な原液の量は （x / n）mL である．（したがって、たとえば 4 倍希釈液を100 mL 作成するのに必要な原液の量は25 mL，水の量はその 3 倍の75 mL である．）** 混合による体積変化は無視してよい．

次のような計算をしてもよい．3 M の硫酸を 50 mL 作る場合，濃硫酸を x mL 用いるとすると，

$$18\text{M} \times \frac{x\,\text{mL}}{50\text{mL}} = 3\text{M}$$

これを解くと，$x = 8.33$ となる．必要な蒸留水は $(50-x)$ mL であるから，濃硫酸 8.33 mL と，蒸留水 41.67 mL を混合する（0.01 mL の位の計り取りは目分量でよい）．

　液体の体積を計る場合はメスシリンダーを用いる．ビーカーや三角フラスコに記してある線はおおまかな目安であり，正確なものではない．

　希釈する場合，少量（総体積 5 ～ 6 mL 程度まで）であれば試験管を用い，蒸留水に conc.試薬を徐々に加え，軽く振り混ぜる．これ以上の量の場合は，ビーカーに必要量の蒸留水を取った後，撹拌しながら，

図1-23　これらの目盛は正確ではない

必要量の conc.試薬をゆっくり加える．かなり発熱するので，一気に加えてはならない．多量の場合，沸騰の危険性もある．また，conc.試薬に水を入れてはならない．

　これらの操作をする場合は，必ず保護メガネを着用する．

「リットル」を表す記号としては，大文字のLが用いられるようになってきている．小文字の l は数字の 1 と間違いやすい．1 と区別するためイタリック体の *l* を用いることもあるが，イタリック体は物理量を表すための表記法であり，*l* は「長さ」をも表すことになる．現在のところ，L と l どちらを用いてもよいことになっているが，本書ではLを用いる．

スポイトの使い方

メスシリンダーで液体を正確に計り取る際にはスポイトを用いる。スポイトは「実験1」で自作する簡単な実験器具である．その使い方も簡単そうに思えるが，次の点に気をつける必要がある．

スポイト内容積につりあった大きさのゴムキャップを用いる．特に，大きすぎるゴムキャップを用いると，吸い上げた液体がゴムキャップに入ってしまい，試薬の汚染や実験の失敗の原因となる．

液体を吸い上げるときは，ゴムキャップを半分ほど親指の腹で押してから，スポイト先端を液体につける．ゴムキャップを押しつぶすと液体を吸い上げすぎてしまい，操作が面倒になる．

スポイトを使う一連の操作では，スポイトの先端を常に下に向けて操作をする．初心者がしばしばおかす誤りは，スポイトの液体を排出した後，無意識に先端を上向きにしてしまうことである[*]．このようにすると，スポイト内に残った液がゴムキャップに逆流してしまう．酸やアルカリをスポイトで扱った後，ゴムキャップ内に液が残っており，それに気づかずに後片付けをしようとしてゴムキャップを外すと，酸やアルカリが手につき，思わぬやけどをすることもある．

使い終えたスポイトを，実験台に直に置いてはならない．

安全ピペッターの使い方

ホールピペットやメスピペットは，少量の液体を正確に計り取るためのガラス器具である．水など無害なことが明らかで不揮発性の液体を扱う場合に限り，ピペット上端を口で直接吸うことも**例外的に**あるが（38ページ参照），有毒な液体や揮発性の液体の場合は，決して口で吸ってはならない．このような場合は，安全ピペッターを用いる．無害な液であっても，すべて安全ピペッターを用いるように習慣づけるのがよい．

---

[*]化学系だけでなく，特に，バイオ系の実験室では，任意の一定少量の液体を正確に計り取る装置として，**ピペットマン**（商品名）という器具を頻用する．この器具もスポイト同様，先端を常に下に向けて操作する．スポイト先端を上に向けるというクセを直さないままでこの器具を用いると，複雑な構造になっている器具内部に液体が逆流して，使い物にならなくなるばかりでなく，実験に失敗したり誤った結果を導いたりしかねない．高価でも器具は買い換えればすむが，実験の失敗や誤った結果の公表は取り返しがつかないことがある．

典型的な安全ピペッターはゴムでできており，図1−24 a）のような外観をしている．Ａ，Ｓ，および，Ｅの部分には小さい金属球が入っており，これがバルブの役割を果たす．ここを指でつまむと，金属球とゴムの間に隙間ができ，空気が出入りできる．

これを使うには，まず，ピペットの上端を安全ピペッターの下端にねじ込む．無理にねじ込むとピペットが折れることがあるので，慎重に行う．

Ａの部分をやや強めにつまみながら，ゴム球全体を押しつぶすとゴム球内の空気がＡを通って抜ける．Ａを放すと，ゴム球がつぶれた状態のままとなる．

ピペット先端をビーカーなどの容器中の液体に浸す（図1−24 b）．先端を容器の底に近いところまでおろす．

Ｓをつまむと，ゴム球の弾力のため，ピペットに液体が吸い上げられる．このとき強くＳをつまむと，液体がはねるように吸い上げられるので注意する．

必要な量よりやや多めの液体（通常，0 mL の標線の少し上まで）がピペット内に吸い上げられたら，Ｓを放す．液体はピペット内部にとどまる．

Ｅをつまむと，Ｅを通じて外の空気が流れ込むので，ピペット内の液が流れ出す．ピペット先端をビーカーの内壁につけ，Ｅを慎重につまんで液体を少量排出し，液面（メニスカス）を 0 mL の標線に合わせる．次にＥを強くつまんで，正確な量の内容液を適切な容器に排出する．

ピペット先端にわずかに残る液体は，Ｅを強くつまんだまま，Ｅの先端を親指などで強くＥ側に押す（Ｅと，その先端の間の小さいゴム球を押しつぶす）ことで排出する（図1−24 c）．

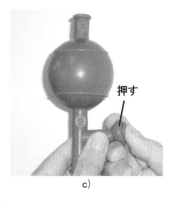

a)　　　　　　　　　b)　　　　　　　　　c)

図1−24　安全ピペッターの使い方

I 始める前に	器具一覧

　一人，または一組で用いる実験器具は以下の通りである（実験室により，若干異なることがある）．実験を始める前に器具が揃っているかチェックする．

試験管たて	1	三角フラスコ（100 mL）	*3
試験管	20	温度計（0～100℃,ケース付）	*1
遠心沈殿管（スピッツ管）	2	ロート台	1
洗ビン（蒸溜水入れ）	1	三脚	1
洗剤入れ（タッパー）	1	金網（セラミック付）	1
ビーカー（100 mL）	2	ついたて（風よけ）	1
〃 （200 mL）	1	ガラス管（80 cm,コルク栓付）	*1
〃 （300 mL）	1	鉄製スタンド（クランプ，ムッフ付）	*1
メスシリンダー（10 mL）	2	ビュレット（箱入り）	*1
ロート	1	ビュレットスタンド（ビュレット挟み付）	*1
時計皿	2	ウォーターバス	*1
蒸発皿（磁製）	1	保護メガネ	1
ゴムキャップ	2	紙コップ	*3
ピンセット	1	鉛おもり	*10
竹挟み（蒸発皿挟み）	1	分光光度計用セル	*1
メスピペット（2 mL）	1	雑巾	1
ホールピペット（10 mL）	1	ごみ箱	1
洗浄ブラシ（中・試薬ビン用）	1	かめ（ガラスくず入れ）	1
〃 （小・試験管用）	1	ライター	*1
〃 （ビーカー用）	1	廃液ビン（重金属系用）	*1
洗い桶	1	〃 （シアン系用）	**1
ビーカー（500 mL）	*1	ガスバーナー（実験台に設置）	1
プラスチック製ビーカー（1000 mL）	*1	アスピレーター（水道口に設置）	**1
メスシリンダー（25 mL，100 mL）	*各1	ヤスリ	1
ナス型フラスコ（50 mL）	*1	陶土板	1
ブフナーロート（ゴム栓付）	*1	安全ピペッター	1
吸引ビン	*1	スパーテル	*1
試薬ビンの栓	*1	デジタル温度計	*1
氷熱量計（中ビン）	*1	（*印は共同実験者2人で1個，また**印は数人で1個
プラスチック製細管	*1	使用する）
メスフラスコ（100 mL）	*1	

　不足している器具があれば，担当教員に申し出て補充する．余分にある器具は，教卓まで返却する．

　本書15ページ，「ガラス器具の洗い方」を参考にしてガラス器具の洗浄を行う．

　器具の配置や個数は変更されることがある．廃液ビンの形状やラベル等の色，廃液の分類は異なることがあるので，指導教員の指示に従う．

化学実験で使う器具の例

試験管

遠心沈殿管
（スピッツ管）

ロート

時計皿

ビーカー

蒸発皿

ウォーターバス（水浴）*1

試験管立て

三角フラスコ

洗ビン

吸引びん

メスシリンダー

ゴムキャップ

洗い桶

熱量計*2

ロート台

ガスバーナー

三脚

セラミック付金網

ピンセット

ついたて

下記の器具の形状は本文を参照
ナス型フラスコ（p.68，図2−43），
ブフナーロート（p.71，図2−44），
ビュレットとメスフラスコ（p.81，図2−55）

*1加熱される容器に応じて使い分けるためのリングとふたも示した．本テキストでの実験では，リングやふたは用いない．
*2市販されていない．

Ⅱ▷ 実　験

<table>
<tr><td>Ⅱ　実　験</td><td></td></tr>
</table>

実験１　ガラス細工

標準実験時間：６０分*

　実験においては，出来合いの器具を使用することも多いが，ちょっとした器具は自作することがしばしばあるし，より便利な器具ができる場合が多い．また，市販されていない装置や器具は，否応なく自作しなければならない．

　ここでは，今後の実験で使用する頻度の高いスポイトと撹拌棒を作成する．自作の楽しさを味わってみよう．

概　要

　ガラス管とガラス棒をガスバーナーで加熱加工し，スポイトと撹拌棒を作成する．

使用するもの

　ガラス管 60 cm，ガラス棒 60 cm（２名分 120 cmで配布），ヤスリ（２人で１本），陶土板（２人で１枚），ガスバーナー，セラミック付金網，保護メガネ．

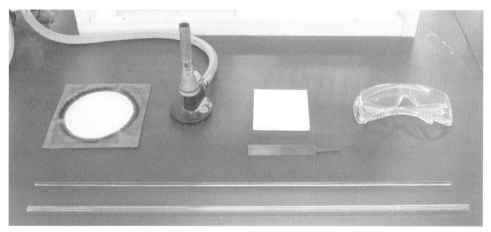

図２－１　主な実験器具と材料

*予習をして実験に臨んだ場合，一連の実験操作に必要な時間の目安を示す．実験に関する説明や後片付けの時間を含まない．

実験操作

ガラスの切断

【操作1】

ガラス管・ガラス棒を切断する．それぞれ，120 cmのものが提供されるので，これらをまず半分に切断する．この半分が1人分である．

ガラス管については，1人分をさらに半分に切り，30cmのものを2本作る．ガラス棒については，2か所で切断し，ほぼ三等分する．

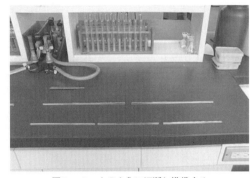

図2－2　上のように切断し準備する

ガラス管・ガラス棒の切断したい箇所に，平ヤスリを図2－3のように約45°の角度で当て，そのまま，まっすぐ手前から向こう側に押して傷をつける．傷の長さは5～6mmあればよい．力を入れて深い傷をつけたり，ノコギリのようにゴシゴシ傷をつけると，かえってうまく切断できない．また，ヤスリの刃を痛める．

図2－3　ヤスリで傷をつける

この傷の裏側に両手の親指を当て，両手でガラス管を引っ張るように折るときれいに切断できる．この際，付近に人がいないことを確認する．

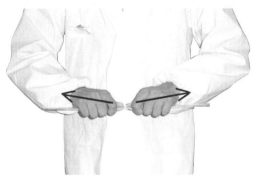

図2－4　切断

スポイトの作成

【操作２】

　ガラス管をガスバーナーで加熱加工してスポイトを作る．

　ガラス管を加熱する場合には，加熱しようとする部分をムラなく均一に加熱することが重要である．そのためには図２－５のように両手でささえながら，常にガラス管をゆっくりと回転させながら加熱する．また，必ず酸化炎（紫色）の部分で加熱する．炎色反応によるオレンジ色の炎の帯が３cm程度の幅でできるようにするとよい．

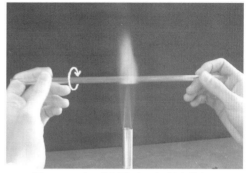

図２－５　ゆっくり回転させながら加熱する

　中心付近を加熱し，充分に軟らかくなったら炎から出し，手早く左右に６～７cm程度まっすぐに引っ張り，細い部分の直径が約１～２mmになるようにする．このとき，あまり勢いよく引っ張ると細いガラス糸のようになってしまうので注意する．

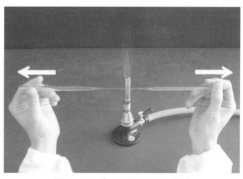

図２－６　炎から出して引っ張る

　ガラス管の左右を両手でつかむようにして引っ張ると，まっすぐにならないことが多いので，親指と人差し指と中指でガラス管の両端一点ずつを，つまむように引っ張るとよい（点と点を引っ張れば直線となる（図２－６参照））．

> ●注意！
> 　用いるガスバーナーは汎用であり，ガラス細工専用のものではないので，炎を大きく，やや強めにするのがコツである．炎が小さく，加熱部分が狭いと，引っ張った部分が針のようになってしまう．

【操作3】

　ガラス管が冷えたことを確認してから，中心付近の細くなったところにヤスリで小さい傷をつけ，傷の両側をつまむようにして，引っ張りながら折る．

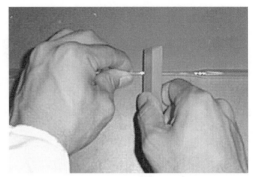

図2−7　軽く傷をつける

【操作4】

　ガラス管の太い端をガスバーナーで充分に赤熱し，軟らかくなったら陶土板に押しつけ，ゴムキャップを止めるためのヘリを作る．

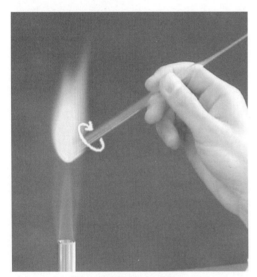

図2−8　回しながら加熱

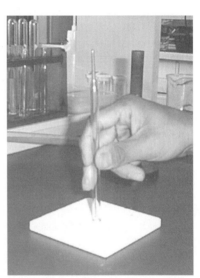

図2−9　垂直に押しつける

　細い方の端は，さわったときにケガをしない程度に軽く加熱して丸めておく（加熱しすぎると端が閉じてしまう）．

　以上の要領でスポイトを4本作成する．いずれも失敗した場合は，若干の予備のガラス管が用意してあるので，それを用いて，実用に耐えるスポイトを最低2本作成する．

撹拌棒の作成

【操作５】

　【操作１】で作成した３本のガラス棒のうち，２本については，その両端を加熱して丸める．先端をガスバーナーで加熱すると自然に丸くなる．炎から出し，放冷する（図２−10の (a)）．あるいは，一端を加熱し，軟らかくなったところで，陶土板に押しつけて図２−10の (b) のようにしてもよい．

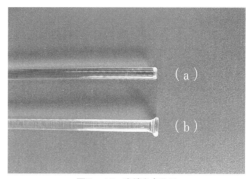

図２−10　先端を丸める

【操作６】

　残りの１本については，スポイトを作ったときの要領で中心付近を加熱して４cm程度引っ張り，冷えた後，中心から切断する．それぞれの両端を加熱して丸める．

図２−11　遠心管の撹拌棒

このようにして作った撹拌棒は，主として，遠心管内の沈殿の撹拌に用いる（図２−12）．

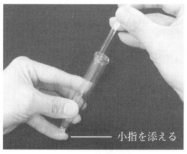

——— 小指を添える

図２−12　沈殿の撹拌に使用する

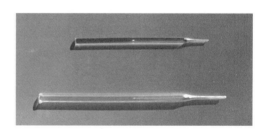

図２−13　完成品

　切断しようとする一端が短くて手で持てない場合には，次のようにする．まずガラス管に５mmほどの傷をつける．次に，不要になったガラス管の先を細くしたものの先端を加熱して，直径３mmほどの赤熱したガラス球を作り，これを傷の端に押し当てる（図２−15）と，ヒビがのびてゆく．

これを繰り返してヒビを一周させて切断する．このとき，赤熱するガラス球が大きすぎたり，強く押しすぎたりするとあらぬ方向にヒビがはいるから注意を要する．この方法に習熟すると，直径 数cm 以上の試薬ビンも切断することができる．

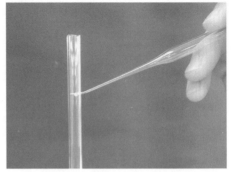

図2−15　赤熱するガラス球で切断

実験が終わったら

各自の実験台を清掃，整理整頓し，**点検票1**に記入し提出した後，退出する。掃除当番に当たっている場合は，**掃除当番作業一覧**にしたがって作業を行う．

レポート

巻末の**実験シート1**に必要事項を記入し，提出する．特に指示のある場合を除き，今回のレポートはこの用紙のみでよい．

●注意！

ガラスは熱いかどうかは見ただけではわからない．特に，加熱した部分を炎の外に出した後はしばらくのあいだ熱いので，15 分以上静置してよく冷やす．熱いガラス管にさわってやけどをしないように充分注意する．万一やけどをしたときは，直ちに流水で 20 分以上冷やす．

熱いガラス管・ガラス棒は，直接実験台の上に置かないこと．金網の上などに置くとよい．

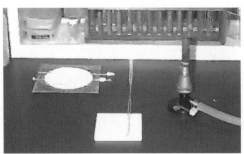

図2−14　熱いガラスの置き方

ガラス管が割れた部分は鋭利な刃物のように危険である．不要なガラスくずは，どんな細かいものでも必ずガラスくず入れに捨て，実験台上や床に放置しない．細かい破片を拾うにはピンセットを用いるのがよい．

Ⅱ　実　験	実験2　　測定とその誤差

標準実験時間：80分

　化学は実験科学である．実験には測定が不可欠であり，測定には必ず誤差が伴う．誤差にはいくつかの種類があるが，ランダム誤差と呼ばれるものは，繰り返し測定し，平均値を求めることで低減できる．

　ここでは，水1滴の体積を繰り返し測定することにより，測定によって得られた数値の平均値と標準偏差を求める．また，「1滴」とは具体的にどれくらいの体積であるかを知る．

概　要

　メスピペットから水を 20 滴落とし，滴下した体積を測定する．その値を 1/20 にすることで 1 滴の体積を求める．10 回繰り返し，1 滴の体積の平均値と標準偏差を計算する．

使用するもの

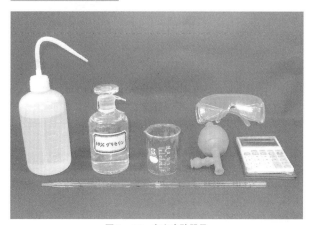

図2−16　主な実験器具

器具・試薬等

　メスピペット 2 mL，ビーカー100 mL（または試験管），蒸留水，5％エタノール（別の溶液を用いることもある），電卓（平方根を求められるもの，できれば統計計算機能があるものを各自で用意する），安全ピペッター，保護メガネ．

実験操作

準備

メスピペットの目盛りがどのようになっているかを観察し，メニスカスの読みとりに慣れる．メニスカスの読みとりは単純な操作だが，初心者は，この目盛りの読みとりに難渋することがある．

2 mLのメスピペットは最小目盛りが0.02 mL である．その最小目盛りの1/10まで読みとる．図2−17の場合，読みは0.818 mL である．

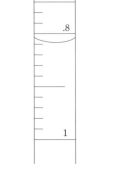

図2−17　メスピペットの目盛り

【操作1】

ビーカーに1/5程度，または試験管に10 mL 程度，蒸留水を取る．

【操作2】

ビーカー（または試験管；以下同じ）から水を吸い上げる．この際，ピペットの下端を，**ビーカーの底に接触する寸前までお**ろす．ピペット上端の0 mLの標線を2〜3 cm 越えるまで水を口で吸い上げる（あまり強く吸い上げないようにする）．この操作を安全ピペッターを用いて行う場合は24ページ参照．以下の記述は口で吸い上げる場合の操作である．

図2−18　吸い上げる
（水など無害な液体に限る）

【操作3】

直ちに，図2−19（○印）のように人差し指の腹でピペットの上端を押さえ，水が流れ出ないようにする（×印のように親指で押さえるのは標準法ではないので，できるだけ○印の方法に慣れるようにする）．

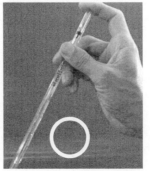
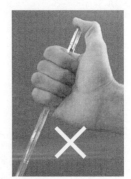

図2−19　ピペットの持ち方

【操作４】

ピペットの下端をビーカーの内壁につけ，先端を押さえた指をわずかに緩めるようにすると，下端より水が流れ出し，メニスカスが下がり始める．このとき，ピペットが垂直になるように注意する．

図2−20　ピペットの先端を内壁につけて流す

メニスカスがゼロの標線の寸前まで来たら，上端の指を再びやや強く押さえて，水の流出を遅くし，標線のところで強く押さえ，流出を止める．この操作は単純だが，初心者には容易ではないので，実験に先立って何度か練習をするとよい．明るい窓にピペットを向けると，メニスカスが黒く浮かび上がって見やすくなる．

【操作５】

ピペットの下端をビーカーの液面上に上げ，ピペット上端を押さえている指を緩めると，ポタ，ポタと水が流れ出す．２秒間に１滴くらいの速さで水滴を落とし，20滴，滴下する．15滴付近からは指を強めに押さえて滴下を遅くし，特に，最後の１滴はゆっくり慎重に落とし，その１滴が落ちた直後にピペット上端を強く押さえ，それ以上の水の流出を止める．体積を正確に計るため，メニスカスを読みとる時点でピペットの先に水滴が残っていないようにする（図２−21）．メニスカスを読みとり記録する．その値の1/20を１滴の体積とする．

図２−21　水滴の残りに注意

【操作２】〜【操作５】を10回繰り返し，それぞれ平均値を記録する．必要であれば，その都度，ビーカーまたは試験管に蒸留水を加える．

【操作６】

以上の【操作１】〜【操作５】について，「蒸留水」を「５％エタノール溶液」と置き換えて行う．５％エタノール溶液は，共通の試薬棚に用意されている（５％エタノール溶液以外の溶液を用いることもある）．

実験が終わったら

　次項「解説」の式(1)にしたがって平均値と標準偏差を計算し，その結果を巻末の**実験シート2**に記録する．この計算結果を提示して，実験終了印を受ける．

　各自得られた平均値は，実験終了印を受ける際，教卓にある**一覧表に書き込む**．（実験を行った全員についての平均値と標準偏差を，翌日，化学実験用の掲示板に掲示するので，その値も参考にしてレポートを作成する）．

　つづいて，器具の洗浄を行う．ピペットは内部にグリセリンが付着していると使用不能になることがあるので，水道水と蒸留水を用いて充分に洗浄を行う．

　各自の実験台を清掃，整理整頓し，**点検票2**に記入し提出した後，退出する．掃除当番に当たっている場合は，**掃除当番作業一覧**にしたがって作業を行う．

レポート

　11ページ「レポートの書き方」をよく読み，また，次項「解説」を参考にしてレポートを作成する．巻末の**実験シート2**を表紙として，提出期限内に提出する．

●注意！
　この実験では，1滴，2滴という不連続な量を測定するという性格上，滴下する際にメスピペット先端を受容器から離しているが，通常の実験操作では受容器の内壁にメスピペット先端をつけ，連続的に液体が流れ出るようにする（図2−20参照）．

解　説

標準偏差の計算

　測定回数を n，各測定の平均値（算術平均）を $\bar{x}$，また i 回目の測定値を x_i とする．（$i = 1 \sim n$）

標準偏差　$\sigma = \sqrt{\dfrac{\sum\limits_{i=1}^{n}(\bar{x}-x_i)^2}{n-1}}$　　　　　　　　　　（1）

　　ルート内の $\Sigma(\bar{x}-x_i)^2$ は，「平均値 $\bar{x}$ と，ある測定値 x_i の差」の平方を n 個の各測定値について求め，それらを足し合わせたものである．

　　統計計算機能付きの電卓では，各データを入力するだけで平均値と標準偏差を求めることができる．計算原理を理解した上で電卓の統計機能の使い方に慣れると大変便利である．また，Excelなどの表計算ソフトを用いると簡単に計算することができる．

　　なお，式（1）で定義される標準偏差は，厳密には「標本標準偏差」と言われるもので，多数の母集団から抜き出した標本（サンプル）による，母集団の標準偏差の推定値である．母集団標準偏差を σ で、標本標準偏差を s で表して区別することがある．

標準偏差の統計的意味

　　ある量 x を繰り返し測定する場合を考える．測定値は毎回，若干異なっていることもあり，同じ値が得られる場合もある．x の値と，その値を得た回数 y をグラフに描くと，測定回数 n が大きくなるにしたがって，両者の関係は正規分布に近づく．

　　測定値が正規分布を示す場合，その分布は x の平均値 $\bar{x}$ において最大値を示し，この点を中心に左右対称である．また，変曲点は，$\bar{x}-\sigma$，$\bar{x}+\sigma$ の 2 か所にあり，この二つの変曲点（$\bar{x}\pm\sigma$）の範囲内（図 2－22 の網掛け部分）に測定値の 68% が含まれる．$\bar{x}\pm2\sigma$ には 95% が含まれる．

　　これより，標準偏差 σ は測定の「ばらつき」を表す指標であることがわかる．標準偏差は測定の種類や方法に依存するとともに，実験者の技術にも大きく依存する．標準偏差が小さいことは，測定の「精度」が高いことを意味する．

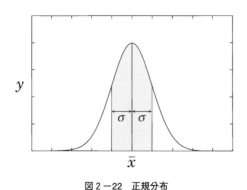

図 2－22　正規分布

　「精度」と「正確さ」は同じような意味で用いられることもあるが，厳密な議論をする場合は，両者を区別する．「正確さ」は，測定値が「真の値」にどれほど近いかを表しており，精度の高さとは必ずしも一致しない．

課　題

　次の図で，的の中心が真の値であり，矢の跡が何回かの測定点であるとする．a) ～ d) の結果について「精度」と「正確さ」を区別して評価せよ．

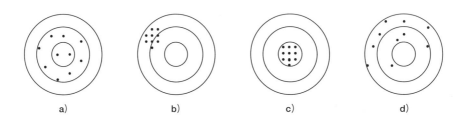

a)　　　　　　　b)　　　　　　　c)　　　　　　　d)

秤量器具では何が保証されているのか

1．ビュレットやメスピペット，ホールピペットには，しばしば「TD」という記号が，またメスフラスコやメスシリンダーには「TC」という記号が記されている．それぞれ「to deliver」，「to contain」の略であり，前者の場合は「出した量」が，また，後者の場合は「含んだ量」が正確であることが保証されている．（厳密には 20℃ あるいは 25℃ においてであり，その温度はピペットなどに記されている）．

　10 mL のホールピペットの場合，ピペットで液を吸い上げ，標線に正確に合わせた段階では 10 mL よりごくわずか多い量が含まれている．これを，ビーカーなどの容器に移したときにはピペット内壁にわずかな液が残り，その結果，ビーカーには正確に 10 mL の液があることが保証されているのである．

　これに対してメスフラスコやメスシリンダーなどは，標線まで液を含んだときが正確である．たとえば，100 mL のメスフラスコであれば，標線まで液を入れたとき，メスフラスコ内に正確に 100 mL の液があることが保証されている．そこから別の容器に移した場合には，これよりわずかに少なくなる．

　以上のことから，10 mL のホールピペットを使ってある溶液を 100 mL のメスフラスコに入れ，さらに，メスフラスコの標線まで水を加えると，正確に 10 倍に希釈されることになる．

2．ビュレットやメスピペット，メスシリンダーなどでは細かい目盛りが打ってあるが，これは，必ずしも正確ではない場合がある．

　10 mL のメスピペットの場合では，0 mL と 10 mL の目盛りは正確であるが，その途中は機械的に等間隔に目盛りが打ってあることが多い．ビュレットやメスシリンダーでも同様である．内径が均一であれば途中の目盛りも正確であり，実際上，そのように考えて問題はないが，途中の目盛りが正確であるという保証はされていない場合があることに留意しておく必要はある．

Ⅱ　実　験　実験3　金属陽イオンの性質（1）

標準実験時間：70分

金属陽イオンは，塩化物イオン，硫化物イオン，水酸化物イオンなどと反応して特徴的な沈殿を形成する．ここでは，いくつかの代表的な金属陽イオンを対象として，それらの諸性質を学ぶ．

今回は塩酸で塩化物を生じる第1属陽イオンと，硫化水素で硫化物を生じる第2属および第4属陽イオンを扱う（次ページ参照）．

概　要

各金属陽イオンに塩酸を加える．また酸性・アルカリ性，あるいは，中性の条件下で硫化水素を加える．各反応を観察し，記録する．

使用するもの

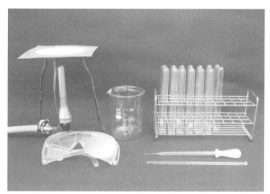

図2－24　主な実験器具

器具等

試験管，メスシリンダー10 mL，ビーカー300 mL，スポイト，撹拌棒，ガスバーナー，三脚，セラミック付金網，保護メガネ，（付箋紙を各自で用意する）．

試　薬（*印はドラフト内に用意されている）

0.1 M AgNO₃，0.1 M Pb(NO₃)₂，0.1 M Cu(NO₃)₂，0.1 M Cd(NO₃)₂，

0.1M Ni(NO₃)₂，1 M K₂CrO₄，*H₂S飽和水，*conc.HCl，

*conc.NH₃aq.，*conc.HNO₃

●注意！
　共通の試薬棚に用意してある試薬は，その場で必要量のみを取る．必要量以上に取って実験台に持ち帰ると，他の人の分が不足するだけでなく，持ち帰って余った試薬の処理にも困る（余った試薬は，未使用でも元の試薬ビンへ戻してはならない）．

陽イオン系統分析について

　実験5と6では，陽イオンの混合溶液から各イオンを系統分析する．今回と次回（実験3と4）では，その基礎事項を扱う．

　金属陽イオンの混合溶液に塩酸を加えると，塩化物を形成しやすいイオンが沈殿する．このイオンを第1属*陽イオンといい，Ag^+，Pb^{2+}などがこれに属する．

　この沈殿を濾過または遠心分離で濾液と分離すれば，第1属とそれ以外のイオンとに大別できる．

　この濾液（酸性）に硫化水素を加えると，硫化物を形成しやすいイオンのみが沈殿する．これを第2属陽イオンという．Pb^{2+}，Cu^{2+}，Cd^{2+}などがこれに属する．

　これを濾別した濾液から硫化水素を追い出し，弱アルカリ性にすると，水酸化物を形成しやすいイオンが沈殿する．これが第3属陽イオンであり，Fe^{3+}，Al^{3+}などがこれに属する．

　これを濾別した濾液に硫化水素を加えると，中性・アルカリ性で初めて硫化物を生ずるイオンが沈殿する．これを第4属陽イオンという．Zn^{2+}，Ni^{2+}などがこれに属する．

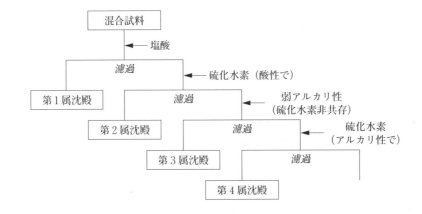

図2－25　陽イオン系統分析の概略図

*周期表の「族」とは無関係である．

実験操作

準　備

【操作1】

　共通の試薬棚に用意してある0.1 M AgNO₃，0.1 M Pb(NO₃)₂，0.1 M Cu(NO₃)₂，0.1 M Cd(NO₃)₂，0.1 M Ni(NO₃)₂について，Cu(NO₃)₂は約1 mLずつ2本，他はそれぞれ約1 mLを1本ずつ試験管に取る．

　ドラフト内に用意してあるconc.HCl，conc. HNO₃，conc.NH₃aq. をそれぞれ約1 mLずつ試験管に取る．どの試薬をどの試験管に取ったかを実験ノートに記録しておく．付箋紙を試験管につけておくのもよい．

　1 mL を計り取るには，各試薬ビンについているプラスチック製スポイトの線を目印にする（今回の実験では，その量についてあまり神経質になる必要はない）．

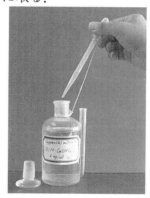

図2−26　試薬ビンと
　　　　　プラスチック製スポイト

塩酸との反応

【操作2】

　第1属イオンとして AgNO₃，Pb(NO₃)₂，また，その他の属のイオンの例として第2属の Cu(NO₃)₂ を用いる．これらの溶液それぞれに，conc.HCl 1滴をスポイトで加える（滴下した塩酸が，試験管の内壁を伝うのではなく直接イオン溶液に加わるようにする．スポイトが試験管内壁に触れないように注意する．また，**スポイトを上に向けないよう注意する**）．

　加えた後は，試験管を数回振って均一に混合する（以後，試薬を加えた場合は，必ず試験管を振って混ぜる）．手首を中心にして，試験管の底が弧を描くように左右に振る（図2−28）．上下に振ってはならない．

　塩化物沈殿の生成の有無，形状，色などを観察し，記録する．

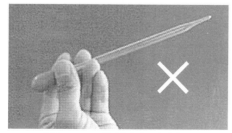

図2−27　スポイトを上に向けない

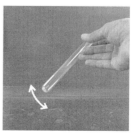

図2−28　試験管の振り方

Ag$^+$，Pb^{2+}の検出反応

【操作3】

Ag$^+$，Pb^{2+} について，塩化物沈殿を含むそれぞれの液に，蒸留水を約1 mLを加え，湯浴で加熱する．沈殿が溶解するかどうかを調べる．溶解するものでも，沈殿量が多いと加熱しても溶け残る場合がある．沈殿の量の変化に注意する．

【操作4】

加熱した後，冷えないうちに，PbCl$_2$ 溶液に 1M K$_2$CrO$_4$ を 1 滴加え，反応の様子を観察する．K$_2$CrO$_4$は，共通の試薬棚に出向き，その場で加える．

【操作5】

AgCl の沈殿を含む液を冷やした後，これに，conc.NH$_3$aq.を 1 滴加えて振り混ぜ，沈殿を溶解させる．溶解しない場合は，溶解するまでさらに 1 滴ずつ加える．加えるたびに振り混ぜる．これに，conc.HNO$_3$を 1 滴ずつ加えていく．再度，沈殿が見られることを確認する．

硫化水素との反応

【操作6】

第 2 属陽イオンとして Cu(NO$_3$)$_2$ と Cd(NO$_3$)$_2$，第 4 属陽イオンとして Ni(NO$_3$)$_2$ を用いる．各陽イオン溶液それぞれに，あらかじめ conc.HCl を 1 滴加えよく振り混ぜておく．これに，H$_2$S 飽和水を0.5 mL 程度加え，沈殿形成の有無，沈殿の形状や色を観察する．この操作は，「酸性での H$_2$S との反応」に相当する．

【操作7】

【操作6】の後の Ni(NO$_3$)$_2$ 溶液について，conc.NH$_3$aq.を黒色の沈殿を生ずるまで 1 滴ずつ加える（アルカリ条件にすると，H$_2$S → 2 H$^+$ + S^{2-} の反応が起こって S^{2-} の濃度が高くなり，硫化物を形成しやすくなる）．

> ●注意！
> 以上の結果は，後で提示するために残しておく．

実験が終わったら

　反応物の入った試験管を提示し，巻末の**実験シート 3，4** に実験終了印を受ける．

　試験管の内容物をその場で教卓付近の廃液タンク（黄色のテープの貼ってあるもの）へ捨てる．（**廃液入れの形状やラベル，色等について，別途教員から指示がある場合は，それに従う．以下同様．**）反応物を各自の実験台まで持ち帰らない．沈殿物がある場合は，よく振ってから捨てる．教卓付近に用意してあるポリ瓶に入った水道水を，各試験管に 1/3 程度入れ，よく振ってから廃液タンクに捨てる．

　各自の実験台で，さらに，試験管の 1/3 程度の水道水を各試験管に入れ，よく振ってから各自の廃液ビンへ捨てる．試験管内壁に金属沈殿などがまだ残っている場合は，さらに，すすぎを行う．その後，洗剤を使って通常の洗浄を行う．水道水でよくすすいだ後，蒸留水で試験管内をすすぐ．

　残った酸，アルカリ溶液は，金属イオン等の有害物が入っていなければ，conc.溶液，6 M 溶液いずれも，「酸・アルカリ廃液」と書かれた廃液タンクに捨てる．試験管は水道水で十分すすいだ後，蒸留水ですすぐ（すすぎ液は流してよい）．

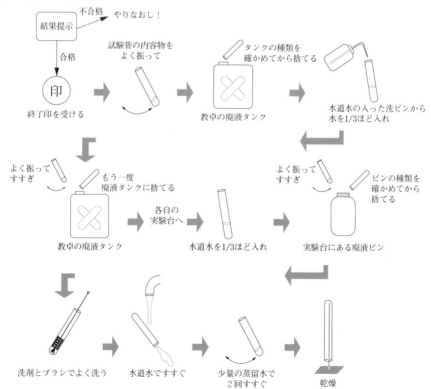

図 2－29　実験操作後の廃液の処理・洗浄の仕方

　他の器具は通常の洗浄を行う．水道水でよくすすいだ後，最後に蒸留水ですすいでおく．各自の廃液ビンの内容物を，共通の黄色の廃液タンク（または教員から指示のあるもの，以下同じ）へ廃棄する．こぼさないように注意する．

　掃除当番でない場合は，各自の実験台を清掃，整理整頓し，**点検票3**に記入し提出した後，退出する．掃除当番に当たっている場合は，**掃除当番作業一覧**にしたがって作業を行う．

図2-30　廃液ビンの例

図2-31　廃液タンクの例

レポート

　次回の実験の内容とあわせてレポートを作成する．提出は次回の実験終了後．

「考察」においては，各反応を反応式で記すと共に，別記の「溶解度積」の項を参考にして，

　　　1) 塩酸を加えたときに塩化物沈殿を形成するものとしないものがある機構

　　　2) 硫化物イオン源として H_2S を用いた場合，酸性とアルカリ性では硫化物沈殿のできやすさに違いがある機構

を，個々の金属陽イオンに関して具体的に取り上げて説明せよ．

<table>
<tr><td>Ⅱ　実　験</td><td>実験 4　　金属陽イオンの性質（2）
標準実験時間：50分</td></tr>
</table>

前回に続き，各陽イオンの性質を学ぶ．今回は弱アルカリ性で水酸化物を形成する第 3 属陽イオンを扱う．

概　要

金属陽イオンの溶液を弱アルカリ性とし，水酸化物形成の有無を確認する．

使用するもの

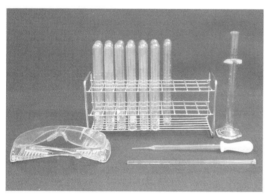

図 2 −32　主な実験器具

器具等

試験管，メスシリンダー10 mL，スポイト，撹拌棒，保護メガネ，（付箋紙を各自で用意する）．

試　薬（*印はドラフト内に用意されている）

0.1 M Al(NO$_3$)$_3$, 0.1 M Fe(NO$_3$)$_3$, 0.1 M Zn(NO$_3$)$_2$, 3 M NH$_4$Cl, 1 M KSCN, 0.1% アルミノン試薬, *conc.NH$_3$aq., *6 M NaOH

●注意！
共通の試薬棚に用意してある試薬は，その場で必要量のみを取る．必要量以上に取って実験台に持ち帰ると，他の人の分が不足するだけでなく，持ち帰って余った試薬の処理にも困る（余った試薬は，未使用でも元の試薬ビンへ戻してはならない）．

実験操作

準　備

【操作8】

　0.1 M Fe(NO$_3$)$_3$ 1 mL，0.1 M Zn(NO$_3$)$_2$ 1 mLをそれぞれ2本ずつ試験管に取る．0.1M Al(NO$_3$)$_3$ 1 mL，6 M NaOH 1 mL，3 M NH$_4$Cl 3 mLそれぞれを試験管に取る．どの試薬をどの試験管に取ったかを実験ノートに記録しておく．付箋紙を試験管につけておくのもよい．

　conc. NH$_3$aq. 約3 mLを試験管に取る．conc. NH$_3$aq.（14.5 M）と蒸留水を用いて，約7 mLの6 M NH$_3$aq.を作成する（21ページ参照）．液量を計るにはメスシリンダーを用いる．希釈する場合は，conc.NH$_3$aq.を徐々に蒸留水へ加える．液量が多い場合は特に，両液を一気に混合したり，蒸留水をconc. NH$_3$aq.へ加えたりしてはならない．

水酸化物イオンとの反応

【操作9】

　第3属陽イオンとしてAl(NO$_3$)$_3$，Fe(NO$_3$)$_3$，他の陽イオンの例として4属のZn(NO$_3$)$_2$を用いる．

　3 M NH$_4$Cl 3 mLに6 M NH$_3$aq. 1.5 mLを加える（NH$_4$ClとNH$_3$aq.が等濃度になる．この条件で溶液は弱アルカリ性になるので，水酸化ナトリウム水溶液やアンモニア水ほどにはOH$^-$の濃度が高くない）．この液を1 mLずつ，Al(NO$_3$)$_3$，Fe(NO$_3$)$_3$，Zn(NO$_3$)$_2$各溶液に加え，沈殿の形成の有無，沈殿の色・形状を観察する．

両性水酸化物の性質

【操作10】

　両性イオンの例としてZn(NO$_3$)$_2$を用いる．

　もう1本のZn(NO$_3$)$_2$に6 M NaOH 1滴を加える．水酸化物の形成が見られたら，これに6 M NaOHをさらに1滴ずつ加えていき，沈殿が溶解する様子を観察する（少量のアルカリで水酸化物を生じ，過剰のアルカリで溶ける性質は，他にAl^{3+}，Sn^{2+}，Pb^{2+}でも見られる．これらを，両性イオンという）．

Al^{3+}，Fe^{3+} イオンの検出反応

【操作11】

もう 1 本の 0.1 M $Fe(NO_3)_3$ に，KSCN を 1 滴加え，反応を観察する．

【操作12】

試験管に蒸留水を 3 mL 取り 0.1 M $Al(NO_3)_3$ を 3 滴加え希釈する．これに，0.1%アルミノン試薬を 3 滴加え撹拌し，【操作 9】で作成した NH_4Cl とNH_3aq.の混合液を 3 滴加えよく撹拌した後，しばらく放置して反応を観察する．

実験が終わったら

反応物の入った試験管を提示し，巻末の**実験シート 3，4** に実験終了印を受ける．

試験管の内容物をその場で教卓上の廃液タンクへ捨てる．各自の実験台まで持ち帰らない．KSCN を加えて**鉄の検出を行ったものについては，赤色のテープの貼ってある廃液タンク**（または教員からの指示のあるもの，以下同様）に，他のものは黄色の廃液タンクに入れる．沈殿物がある場合は，よく振ってから捨てる．教卓付近に用意してあるポリ瓶に入った水道水を，各試験管に1/3 程度入れ，よく振ってから廃液タンクに捨てる．

各自の実験台で，さらに試験管の 1/3 程度の水道水を各試験管に入れ，よく振ってから各自の廃液ビンへ捨てる．試験管内壁に金属沈殿物などがまだ残っている場合は，さらに，すすぎを行う．その後，洗剤を使って通常の洗浄を行う．水道水でよくすすいだ後，最後に蒸留水で試験管内をすすいでおく（15，47ページ参照）．

残った酸，アルカリ溶液は，金属イオン等の有害物が入っていなければ，conc.溶液，6 M 溶液いずれも，「酸・アルカリ廃液」と書かれた廃液タンクに捨てる．試験管は水道水で十分すすいだ後，蒸留水ですすぐ（すすぎ液は流してよい）．

他の器具は通常の洗浄を行う．水道水でよくすすいだ後，最後に蒸留水ですすいでおく．各自の廃液ビンの内容物を，共通の黄色の廃液タンクへ廃棄する（こぼさないように注意する）．掃除当番でない場合は，各自の実験台を清掃，整理整頓した後，**点検票 4** に記入し退出する．掃除当番に当たっている場合は，**掃除当番作業一覧**にしたがって作業を行う．

レポート

　前回の分とあわせてレポートを作成し，**実験シート3，4を表紙として**提出する．レポート作成にあたっては，11ページの「レポートの書き方」を再度参照する．「考察」の項では，各反応を反応式でまとめる．

解　説

溶解度積

　AgCl などの難溶性塩は水にごくわずかに溶ける．溶けた AgCl は電離し，次の平衡が成り立つ．

$$\mathrm{Ag^+ + Cl^-} \;\rightleftharpoons\; \mathrm{AgCl（固体）}$$

　飽和溶液では，イオン濃度の積 $[\mathrm{Ag^+}][\mathrm{Cl^-}]$ は，定温定圧では一定である．その値を溶解度積（solubility product）といい K_{sp} で表す．AgCl の K_{sp} は 25℃において，$2\times10^{-10}\mathrm{M}^2$ である（$[\mathrm{Ag^+}]$，$[\mathrm{Cl^-}]$ などの単位は M）．

　その飽和溶液に塩酸を加えると，$\mathrm{Cl^-}$ イオンの濃度が増えるので，上式の平衡が右に傾いて AgCl の沈殿を形成し，$[\mathrm{Ag^+}][\mathrm{Cl^-}]$ を一定に保とうとする．

　$\mathrm{Ag^+}$ あるいは，$\mathrm{Cl^-}$ の濃度を下げると平衡が左に傾き，固体の AgCl が溶けだして，$[\mathrm{Ag^+}][\mathrm{Cl^-}]$ を一定に保とうとする．さらに $\mathrm{Ag^+}$，$\mathrm{Cl^-}$ の濃度を下げていくと固体の AgCl はすべて溶け，それ以降は $[\mathrm{Ag^+}][\mathrm{Cl^-}]$ の値は下がり続ける．逆にいえば，$\mathrm{Ag^+}$ あるいは $\mathrm{Cl^-}$ の濃度を上げていき，その積 $[\mathrm{Ag^+}][\mathrm{Cl^-}]$ が K_{sp} の値に達した時点で沈殿が起こり始めることになる．溶解度積 K_{sp} は，$[\mathrm{Ag^+}][\mathrm{Cl^-}]$ の上限を示している．

　したがって，$[\mathrm{Ag^+}][\mathrm{Cl^-}]$ の値を計算してその値が K_{sp} の値より小さければ沈殿は起こらないと言える．K_{sp} より大きければ，その値は計算上の値であって現実にはあり得ず，沈殿が形成されて $K_{\mathrm{sp}}=[\mathrm{Ag^+}][\mathrm{Cl^-}]$ が成り立っている．

　以上から，次のことがいえる．

「溶解度積の小さいものは，沈殿を形成しやすい」

　以上では塩化物を例として取り上げたが，他の金属難溶性塩，たとえば硫化物についても同様のことがいえる．塩化物の場合に塩化物イオン $\mathrm{Cl^-}$ の濃度が沈殿形成の有無に重要であったように，硫化物の場合は，硫化物イオン $\mathrm{S^{2-}}$ の濃度が沈殿を形成するかどうかに大きく影響する．

　この実験では S^{2-} の給源として硫化水素 H_2S を用いている．H_2S は水に溶解し，25℃，1 気圧ではその飽和溶液の濃度は 約0.1 mol L^{-1} である．H_2S は弱酸で，水溶液中で次のように 2 段階解離する．

$$H_2S \;\; \rightleftharpoons \;\; H^+ + HS^-$$

$$HS^- \;\; \rightleftharpoons \;\; H^+ + S^{2-}$$

これら二つをまとめると次のようになる．

$$H_2S \;\; \rightleftharpoons \;\; 2H^+ + S^{2-}$$

　[H^+] の大きい酸性側では上式の平衡は左に傾き，H_2S はほとんど解離せず，S^{2-} の濃度はきわめて低い．したがって，一般に酸性では硫化物は作りにくく，溶解度積の小さいものだけが硫化物を形成できる．他方，アルカリ性では，上式の平衡は右に傾き，H_2S はほとんど解離し，S^{2-} の濃度が高い．したがって，溶解度積が比較的大きなものでも硫化物を作りやすくなる．

　このような性質を利用すれば，酸性で硫化水素と反応させ，溶解度積の小さなものだけを沈殿として取り出すことができる．

　以下に，主要な硫化物，水酸化物，塩化物の 25℃における溶解度積 K_{sp}/M^2 の値[*]を記す（文献によっては値がかなり異なることがある）．

硫化物

Ag_2S	6×10^{-36}	PbS	1×10^{-28}	CuS	6×10^{-36}
CdS	5×10^{-28}	FeS	6×10^{-14}	ZnS	3×10^{-22}
NiS	3×10^{-19}				

水酸化物

$Al(OH)_3$	1×10^{-33}	$Fe(OH)_3$	1×10^{-37}	$Fe(OH)_2$	2×10^{-15}
$Cu(OH)_2$	2×10^{-19}	$Pb(OH)_2$	4×10^{-15}	$Zn(OH)_2$	5×10^{-17}

塩化物

$AgCl$	2×10^{-10}	$PbCl_2$	2×10^{-5}

種々の温度における塩化物の溶解度（水100gに溶けるグラム数）

	10℃	20℃	50℃
$AgCl$	1.1×10^{-4}	1.6×10^{-4}	5.4×10^{-4}
$PbCl_2$	0.80	0.97	1.64

[*] K_{SP}の値を，単位M^{2}で割って得られる数値．

反応の解説

【操作2】 塩酸を加えると塩化物沈殿が形成されるのは，Ag^+ と Pb^{2+} である．

$$Ag^+ + Cl^- \longrightarrow AgCl\downarrow \text{（塩化銀，白色）}$$
$$Pb^{2+} + 2\,Cl^- \longrightarrow PbCl_2 \text{（塩化鉛，白色）}$$

AgCl は光によって白色から淡青色，次いで淡紫色から黒色へと変色する．

【操作4】 鉛イオン Pb^{2+} はクロム酸カリウムと反応してクロム酸鉛(なまり)を形成する．

$$Pb^{2+} + Cr\,O_4^{2-} \longrightarrow PbCrO_4 \text{（黄色）}$$

【操作5】 AgCl にアンモニア水を加えると，錯(さく)イオンを形成して溶ける．

$$AgCl + 2\,NH_3 \longrightarrow [Ag(NH_3)_2]^+ + Cl^-$$

これに，硝酸を加えると AgCl が再び沈殿する．

$$[Ag(NH_3)_2]^+ + Cl^- + 2\,H^+ \longrightarrow AgCl + 2\,NH_4^+$$

【操作6，7】 2属の Cu^{2+} や Cd^{2+} などは硫化物の溶解度積が小さく，S^{2-} の濃度が低い場合でも次の反応で沈殿を生じる．

$$Cu^{2+} + S^{2-} \longrightarrow CuS \text{（硫化銅，黒色）}$$
$$Cd^{2+} + S^{2-} \longrightarrow CdS \text{（硫化カドミウム，黄色）}$$

4属の Ni^{2+} や Zn^{2+} などは硫化物の溶解度積が比較的大きく，S^{2-} の濃度が高い場合に次の反応で沈殿を生じる．

$$Ni^{2+} + S^{2-} \longrightarrow NiS \text{（硫化ニッケル，黒色）}$$
$$Zn^{2+} + S^{2-} \longrightarrow ZnS \text{（硫化亜鉛，白色）}$$

S^{2-} 源として H_2S を用いる場合は，$H_2S \rightleftharpoons 2\,H^+ + S^{2-}$ の平衡が右に傾く中性，またはアルカリ性で初めて硫化物を生じる（Zn^{2+} の硫化物は，実験5「陽イオン混合試料からの系統分析（1）」の項で扱う）．

【操作9】 Al^{3+}，Fe^{3+} などは水酸化物の溶解度積が小さく，それらの溶液を弱アルカリ性にすると，水酸化物が形成される．

$$Al^{3+} + 3\,OH^- \longrightarrow Al(OH)_3 \quad \text{（水酸化アルミニウム，白色）}$$
$$Fe^{3+} + 3\,OH^- \longrightarrow Fe(OH)_3 \quad \text{（水酸化鉄，赤褐色）}$$

Zn^{2+} も水酸化物を形成するが，その溶解度積は比較的大きいので，Al^{3+} などに比べると沈殿は形成しにくい．

【操作10】 Zn^{2+} は少量の水酸化ナトリウムと反応して水酸化物を生じる．

$$Zn^{2+} + 2\,OH^- \longrightarrow Zn(OH)_2 \quad （水酸化亜鉛，白色）$$

$Zn(OH)_2$ は過剰の水酸化ナトリウムによってテトラヒドロキソ亜鉛(Ⅱ)酸イオンとなり溶ける．

$$Zn(OH)_2 + 2\,NaOH \longrightarrow [Zn(OH)_4]^{2-} + 2\,Na^+$$

$Al(OH)_3$ も過剰のアルカリに溶ける．

$$Al(OH)_3 + NaOH \longrightarrow [Al(OH)_4]^- + Na^+$$

【操作11】 Fe^{3+} は KSCN（チオシアン酸カリウム）と鋭敏に反応して赤血色のチオシアン酸鉄を生じる（沈殿はできない）．時間と共に退色することがあるが，KSCNを加えれば再び呈色する．

$$Fe^{3+} + SCN^- \longrightarrow [Fe(SCN)]^{2+} （チオシアン酸鉄(Ⅲ)イオン，赤血色）$$

【操作12】 アルミノン（アウリントリカルボン酸アンモニウム）の構造を下に示す．このアルミノンが，$Al(OH)_3$ に吸着してレーキ（lake）を形成し輝赤色に発色する．Fe^{3+} や Cr^{3+} も類似の反応を示すので，これらが共存する場合には，前もって $Al(OH)_3$ を完全に分離しておく必要がある．

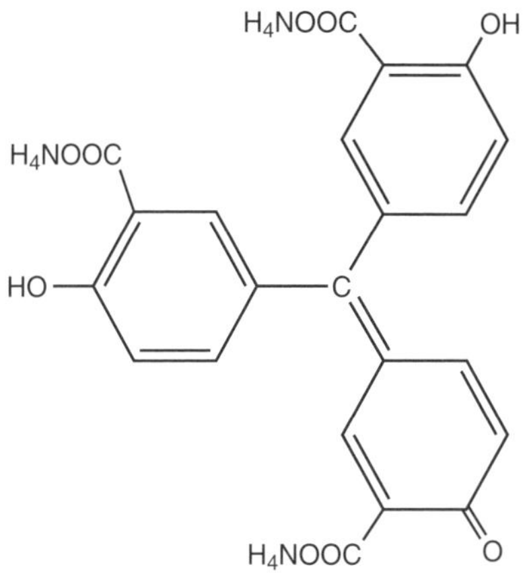

図2-33　アルミノンの構造

Ⅱ　実　験	**実験5　　陽イオン混合試料からの系統分析（1）**
	標準実験時間：110分

これまで，種々の陽イオンの性質を2回にわたって学んできた．その知識を用い，各種陽イオンの混合物からそれらを系統的に分離・分析する方法を学ぶ．

概　要

各イオンの性質を利用して，第1属から第4属までの6種類のイオンの混合溶液から，沈殿を作るものと作らないものに分け，濾過や遠心分離で分別し，最後に検出反応を行い，イオンの存在を確認する（44ページ参照）．今回は，その前半部分を行う．

6種のイオンのうち何が含まれているか不明の試料（未知試料）を用いて，この実験を行う場合がある．その場合にも同じ要領で実験を行い，含まれるイオンを同定する．

使用するもの

図2−34　主な実験器具

器具等

試験管，メスシリンダー10 mL，ビーカー300 mL，遠心管，スポイト，撹拌棒，三脚，セラミック付金網，ロート，ロート台，ガスバーナー，蒸発皿，竹挟み，保護メガネ，遠心分離器．

試薬（*印はドラフト内に用意されている）

$AgNO_3$, $Pb(NO_3)_2$, $Cu(NO_3)_2$, $Al(NO_3)_3$, $Fe(NO_3)_3$, $Zn(NO_3)_2$　以上6種の混合試料溶液，

3 M CH_3COONH_4, 1 M K_2CrO_4, 0.1 M $K_4[Fe(CN)_6]$, *H_2S 飽和水，フェノールフタレイン溶液，濾紙，*conc.HNO_3, *conc.NH_3aq., 6 M HCl, 6 M NH_3aq., 6 M HNO_3, 3 M H_2SO_4, 6 M CH_3COOH

（低濃度のものが必要な場合は，適宜，希釈して用いる）．

実験操作

（一般的注意）

　すでに「学習上の留意点」で述べたが，特に今回の実験は，当日の実験の概要を前もってよく理解し，実験の手順を理解しておくことが大切である．これは実験内容の理解に必要であるとともに，実験操作を合理的にすることで，事故を防ぐことができ，また，実験時間を短縮することにも資する．湯浴が必要な操作まで来て初めて加熱を始めるようでは，時間内での実験終了はおぼつかない．むやみに複数の操作を並行して行ったり，実験を急いだりすることは危険だが，実験内容をよく理解して，安全で合理的な段取りを考えておきたい．

　以下の操作では，沈殿と上澄み液を分離するのに，主として遠心分離を用いているが，必要に応じて濾過してもよい．ただし，濾過する液が少ない場合は，液が濾紙に吸収されてしまうので使用は適当でない．遠心分離における「上澄み液」が，濾過における「濾液」に対応する．

　既に述べた点も含め，注意点を列記する．

1．上澄み液などを捨てる場合，特に指定のない限り，各自の実験台に備えてある廃液ビンに捨てる．決して**流しに捨ててはならない**．

2．試薬を加えた場合は，**必ずよく振って，充分に混合させる**．

3．スポイトはゴムキャップの中に液が入りこまないように**先端を上に向けない**．

4．ガスバーナーに点火したままで**実験台を離れないようにする**．

　各イオンの存在を確認したものについては，実験終了後，担当教員に提示して実験終了印を受けるまで保存しておく．

図2－35　スポイトを上に向けない

図2－36　試験管の振り方

> 　未知試料を用いる場合，あるイオンを検出しようとして，そのイオンの不在が操作途中で明らかになったとき（たとえば，イオンが存在すれば形成するはずの沈殿が見られなかったとき），その先の実験をする必要はない．ただし，不在を証明したそのサンプルは，当日の実験の最後まで保存しておく．

【操作 1】

　conc.HNO$_3$，conc.NH$_3$aq.，6 M HCl，6 M NH$_3$aq.，3 M H$_2$SO$_4$，6 M CH$_3$COOH，6 M HNO$_3$ それぞれ 約 5 mL を試験管に取る（取りすぎないこと）．

　混合溶液 4 mL を試験管に取る．

【操作 2】

　混合溶液に 6 M HCl を 1 滴ずつ，沈殿が完結するまで加える．沈殿が完結したかどうかを見るには，HCl を加えてよく振った後静置し，上澄み液にさらに HCl を 1 滴，静かに加える．（試験管の上から落とすのではなく，スポイト先端を液面近くまでおろし，1 滴を上澄み液に乗せるように加える．ただし，試験管内の液がスポイトにつかないように留意する）．すでに沈殿が完結していれば何も起こらない．完結していないと，液面付近で沈殿が生じる．

【操作 3】

図 2−37　濾過

　沈殿を含む試験管を湯浴で加熱し，PbCl$_2$ を溶解させた後，熱いうちに濾過*する．湯浴での加熱が不十分であると PbCl$_2$ が溶解せず，【操作 7】での Pb^{2+} の検出に失敗することが多いので，しっかり加熱すること．濾過の方法は，図 2-37 と図 1-19 および 2-12 参照．濾液は試験管に受け【操作 5】へ供する．沈殿には，3 mL 程度の熱湯（蒸留水）を 2 回加える．これによって，沈殿に付着している不純物を洗い流すことができる（このような操作を一般に「沈殿を洗う」と表現する．遠心分離による方法もある．図 1-19 および 2-12 参照）．この後，【操作 4】へ進む．沈殿を洗った際の濾液は，廃液ビンへ捨てる．

【操作 4】

　濾紙上の AgCl の沈殿を，少量の 6 M NH$_3$aq. を滴下して溶かす．濾液は試験管に受ける．濾液にフェノールフタレイン溶液 1 滴を加える（試薬棚で加える．各自の実験台へ持ち込まない）．conc. HNO$_3$ を，溶液の赤色が消えるまで，振り混ぜながら数滴加える．白色の沈殿を生ずれば，Ag$^+$ イオンの存在を示す．

---

*試験管を振って沈殿を含む液を撹拌した後，手早く濾紙に流し込む．以下同様に，沈殿を含む液を別の容器に移す場合は，均一な状態にしてから手早く操作する．

【操作5】

　【操作3】で得られた濾液（酸性である）に，等量の H_2S 飽和水を加える．生成した沈殿を含む溶液を遠心管に移し，遠心分離を行う．上澄み液は H_2S 飽和水を少量加えて沈殿が生じないことを確かめた後，【操作9】に供する．沈殿は，4 mL の水と 6 M HCl を 2 滴加えよく撹拌した後，遠心分離して洗浄する．洗液は廃液ビンへ捨てる．沈殿は【操作6】へ．

【操作6】

　沈殿を少量の水（1～2 mL）とともに蒸発皿に移し，等量の 6 M HNO_3 を加えた後，加熱撹拌して硫化物沈殿を溶かす．この操作の後，なお残留物（イオウ）があれば，冷却した後，撹拌棒で取り除く．2 mL の 3 M H_2SO_4 を加え，溶液中の揮発性の HNO_3 をすべて除くために，SO_3 の白煙が出始めるまで加熱・濃縮する．（残液の直径が数mm になる程度まで．SO_3 は有毒なのでドラフト内で濃縮を行う．白煙はチョークの細かい粉のようであり，注意すれば水蒸気と容易に見分けられる）．放冷後，3 mL の水を加え，遠心分離を行う．上澄み液（濾液）は【操作8】に供する．沈殿は，はじめ1 M H_2SO_4 で洗浄，次に水で洗浄し，【操作7】により Pb^{2+} の確認を行う（1 M H_2SO_4 は各自で 3 M H_2SO_4 を希釈し，調製する）．洗液は廃液ビンへ捨てる．

【操作7】

　【操作6】で得られた沈殿に1 mL の 3 M CH_3COONH_4 を加え，加熱して$PbSO_4$ の沈殿を溶かす．そこに，1 M K_2CrO_4 1 mLを加える．黄色沈殿を生じたならば Pb^{2+} の存在を示す．

【操作8】

　【操作6】で得られた濾液に，液がアルカリ性となるまでconc.NH_3aq.を，1 滴ずつ混合しながら加える．（溶液が濃青色であれば Cu^{2+} の存在を暗示する．）溶液にフェノールフタレイン溶液1 滴を加え，6 M CH_3COOH を赤色が消えるまで振り混ぜながら加える．そののち，0.1 M $K_4[Fe(CN)_6]$ を2～3 滴加える．このときフェロシアン化銅 $Cu_2Fe(CN)_6$ の赤褐色沈殿を生ずれば，Cu^{2+} の存在を示す．なお，この場合の沈殿は，実験終了後，緑色のラベルのある廃液タンクに捨てる．

　ここまでの操作を系統分析の第1回目とし，実験を終了する．実験終了印を受けた後，【操作9】（64ページ）を行っておくとよい（加熱しても，H_2S が抜け切らない場合がある．そのような場合でも，1日以上放置すれば，ほぼ除かれる）．

実験が終わったら

イオンの検出を行った 3 種についての結果を提示し，巻末の**実験シート 5，6** に実験終了印を受ける．

試験管の内容物をその場で教卓上の廃液タンクへ捨てる．各自の実験台まで持ち帰らないこと．$K_4[Fe(CN)_6]$ **を加えて銅の検出を行ったものについては，赤色のテープの貼ってある廃液タンク**に，他のものは黄色の廃液タンクに入れる．（廃液入れについては異なることがあるので教員の指示に従う．以下同じ．）沈殿物がある場合は，よく振ってから捨てる．以下，これまでと同様に洗浄する．

残った酸，アルカリ溶液は，金属イオン等の有害物が入っていなければ，conc.溶液，6 M 溶液いずれも，「酸・アルカリ廃液」と書かれた廃液タンクに捨てる．試験管は水道水で十分すすいだ後，蒸留水ですすぐ（すすぎ液は流してよい）．

掃除当番に当たっていない場合は，各自の実験台を清掃，整理整頓し，**点検票 5** に記入し提出した後，退出する．掃除当番に当たっている場合は，**掃除当番作業一覧**にしたがって作業を行う．

レポート

レポートは，次回の実験終了後，2 回分をまとめて提出する．

Ⅱ 実 験	実験6 　　陽イオン混合試料からの系統分析（2）
	標準実験時間：110分

陽イオン系統分析を完成させて，その全体の流れを理解することを目指す．

概　要

前半部の【操作5】で得られた上澄み液から出発して，系統分析の後半部分を行う（44ページ参照）．

使用するもの

図2-38　主な実験器具

器具等

試験管，メスシリンダー10 mL，ビーカー300 mL，遠心管，スポイト，撹拌棒，ピンセット，三脚，セラミック付金網，ガスバーナー，時計皿，保護メガネ，遠心分離器．

試薬（*印はドラフト内に用意されている）

実験5の【操作5】で得られた上澄み液，

3 M CH_3COONH_4，3 M NH_4Cl，1 M KSCN，1M $(NH_4)_2CO_3$，*H_2S 飽和水，フェノールフタレイン溶液，アルミノン試薬，リトマス試験紙，6 M HCl，6 M NH_3aq.，6 M HNO_3，*6 M NaOH，酢酸鉛試験紙

（低濃度のものが必要な場合は，適宜，希釈して用いる）．

【操作9】

　【操作5】の上澄み液を湯浴で加熱して H_2S を完全に除く．H_2S が完全に除かれたかどうかは，酢酸鉛試験紙が黒変しなくなったかどうかによって検査する（濾液の入った試験管の口に，ピンセットを用いて蒸留水でしめらせた酢酸鉛試験紙をかざす．試験紙が黒変したら，まだ H_2S が残っている．さらに，しばらく加熱した後，新しい試験紙を使って再度検査する）．

図2−39　酢酸鉛試験紙の使い方

【操作10】

　6 M HCl，6 M HNO_3，6 M NaOH，6 M NH_3aq.それぞれを約5 mL，試験管に取る．

【操作11】

　溶液にその 1/2～1/3 容積に相当する 3 M NH_4Cl を加え，次に6 M NH_3aq.をよく撹拌しながら滴下し，溶液をリトマス試験紙[*]で調べながらアルカリ性にする．その結果生じた沈殿を含む溶液を静かに1～2分煮沸し，遠心分離して水酸化物の沈殿と上澄み液に分離する．

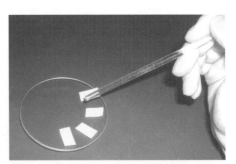

図2−40　リトマス試験紙の使い方

　上澄み液は，6 M NH_3aqをさらに1滴加えて沈殿が完結していることを確認した後，【操作15】に供する．沈殿は，4～5滴の 3M NH_4Cl を含む温水（蒸留水）で遠心分離により洗浄した後【操作12】に進む．洗液は廃液

[*]正方形状に小さく切ったリトマス試験紙を数枚，時計皿上の周辺部（時計の「数字」あたり）に並べる（図2−40）．酸性，アルカリ性などの液性を調べようとする溶液に撹拌棒の先端をつける．溶液でぬれた撹拌棒の先端を，時計皿上のリトマス試験紙につけ，色の変化を試す．リトマス試験紙を直接，溶液につけてはならない．

ビンに捨てる．

【操作12】

　沈殿に水 4 mL を加える．これに，フェノールフタレイン溶液 1 滴を加え，赤色に発色するまで 6 M NaOH を 1 滴ずつ加える（フェノールフタレイン溶液の発色がわかりにくい場合は，リトマス試験紙を用いる）．遠心分離し，沈殿は温水で 2～3 回洗浄後，【操作13】を行う．上澄み液は【操作14】により処理する．

【操作13】

　沈殿に 1 mL の水を加え，次いで，6 M HNO₃ 2 mL を加え，よく撹拌し，沈殿を完全に溶かす．

　溶液に 1 M KSCN を 1～2 滴加えて，溶液が赤血色を呈すれば，Fe^{3+} の存在を示す．

【操作14】

　【操作12】で得られた上澄み液に 6 M HCl を 1 滴ずつ加える．白色の $Al(OH)_3$ が生成したら，さらに 6 M HCl を 1 滴ずつ加え，沈殿を溶解する．（$Al(OH)_3$ の沈殿は微少量である）．これに，3 M CH_3COONH_4 2～3 滴と 0.1％アルミノン試薬 2 滴を加える．しばらく加熱撹拌した後，6 M NH_3aq. を 8 滴と 1 M $(NH_4)_2CO_3$ を 2 滴加えると輝赤色のレーキを生じる．

【操作15】

　【操作11】で得られた上澄み液に，6 M NH_3aq. を数滴加える．リトマス試験紙，および，液のアンモニア臭により溶液がアンモニアアルカリ性であることを確かめた後，H_2S 飽和水を加える．ZnS の白色沈殿が生成すれば，Zn^{2+} の存在を示す．

実験が終わったら

　イオンの検出を行った 3 種についての結果を提示し，巻末の**実験シート5，6** に実験終了印を受ける．

　試験管の内容物をその場で教卓上の廃液タンクへ捨てる．**鉄イオンの検出を行ったものについては，赤色のテープの貼ってある廃液タンクに，他のものは黄色の廃液タンクに入れる．** 沈殿物がある場合は，よく振ってから捨てる．以下，これまでと同様に洗浄する．

　　残った酸，アルカリ溶液は，金属イオン等の有害物が入っていなければ，conc.溶液，6 M 溶液いずれも，「酸・アルカリ廃液」と書かれた廃液タンクに捨てる．試験管は水道水で十分すすいだ後，蒸留水ですすぐ（すすぎ液は流してよい）．

　　各自の実験台を清掃，整理整頓する．掃除当番に当たっていない人は**点検票 6**に記入し提出した後，退出する．掃除当番に当たっている場合は，**掃除当番作業一覧**にしたがって作業を行う．

レポート

　　実験シート 5，6を表紙としてレポートを提出する．考察では，各実験操作において「金属陽イオンの性質」（1）（2）で判明した各イオンの性質をどのように利用してイオン種の分離を行っているかまとめよ．

<table>
<tr><td>Ⅱ　実　験</td><td>実験7　　アセトアニリドの合成
標準実験時間：70分</td></tr>
</table>

実験7　　アセトアニリドの合成

標準実験時間：70分

　有機合成化学は，応用化学でもっとも重要な分野のひとつである．私たちの身の周りには，有機合成によって作られた物質・素材が数多くある．

　有機合成の操作は，「合成」と「精製」という二つの主要な部分からなる．ここでは，その基礎的な例としてアセトアニリドを合成する．アセトアニリドは鎮痛剤として用いられたこともある物質である．

概　要

　アニリンと無水酢酸を反応させ，アセトアニリドを合成する．水に対するアセトアニリドの溶解度が温度により著しく異なることを利用して精製する．得られた製品の重量を測定することにより，収率を計算する．

使用するもの（2人1組）

図2－41　主な実験器具

器　具

　メスシリンダー10 mL（2本），ナス型フラスコ，ガラス管（80 cm，コルク栓付），鉄製スタンド，ムッフ，クランプ，ビーカー100 mL[*1]，ビーカー300 mL，ウォーターバス，吸引ビン，ブフナーロート，撹拌棒，スパーテル（薬匙），試薬ビンの栓，ガスバーナー，三脚，セラミック付金網，アスピレーター，保護メガネ，（太径の試験管）[*2]．

試薬等

　アニリン（分子量 93.12，比重 1.02），無水酢酸（分子量 102.1，比重 1.08），活性炭，濾紙（55 mm径）2枚，わら半紙1枚，薬包紙1枚，沸騰石

[*1]ナスフラスコ静置用（他の器具等で代用することもある）．
[*2]【操作2】～【操作4】に代わる簡便法（70ページ）を行った場合のみ使用する．

実験操作

【操作1】

　アニリン 5.0 mL，無水酢酸 8.0 mLを，それぞれ，乾いたメスシリンダーに正確に計り取る[*1]（試薬ビンから直接，必要量のみをメスシリンダーで計り取る）．

図2-42　電子天秤

　【操作6】 までに，共通の試薬棚から，薬包紙に活性炭を一匙分，取ってくる[*2]．

　【操作9】 までに，共通の試薬棚からわら半紙（結晶保存用）を取り，その重量を，教卓に用意してある電子天秤を使って測定しておく．

【操作2】[†]

　乾いたナス型フラスコに，アニリン全量を入れ，フラスコの回りをウォーターバスで冷やしながら無水酢酸を少量ずつ加える．

【操作3】[†]

　沸騰石を2個入れ，ガラス管を空気冷却管として，図のように取り付け，金網上で10分間緩やかに加熱する（沸騰石は必ず加熱前に入れる．フラスコ内の液が沸点近くまで熱せられてから入れると，突沸が起こり危険である）．加熱時は，空冷管の下部で**還流**[*3]が起こる程度に，炎を弱めに調節する．

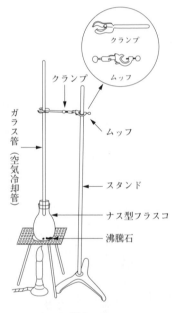

図2-43

【操作4】[†]

　バーナーの火を止め，沸騰が止まる程度まで約30秒放冷する．この反応液を，まだ熱いうちに 約120 mLの蒸留水の入った 300 mLのビーカーの中に注ぎ入れる．

[*1]アニリンや無水酢酸の蒸気はなるべく吸入しないように注意する．皮膚についたらすぐに水洗いする．実験台の上にこぼしたら，すぐに雑巾で拭き取り，雑巾をよく水洗いしておく．

[*2]アリニンが空気酸化のため着色している場合は，一匙より多めに取り，**【操作6】** でその全量を加える．

† 【操作2】～【操作4】に代わる簡便法として，70ページの【操作A】～【操作C】を行うことがある．その場合は【操作C】終了後，【操作5】へ続ける．

*3 沸騰が始まって液の蒸気が上昇し，冷却管（この場合はガラス管）内で冷やされて，凝縮されて液となり，フラスコ内に流れ落ちることをいう．

【操作5】

時々，撹拌棒で撹拌しながら沸騰加熱して，反応物を完全に溶解させる．完全に溶けないときは，少しずつ蒸留水を追加しながら加熱して溶かす．

【操作6】

油状物質が完全に溶解したら，いったん，ガスバーナーの火を除き，沸騰を止める．次いで，活性炭を軽く一匙加え[*2]，あらためて約2分間煮沸する．ガスバーナーの火を除かず煮沸のまま活性炭を加えると，突沸することがある．

別途，ブフナーロートと吸引ビンを組み立て，これに，熱湯を注いで温めておく（この熱湯は，実験室内の湯沸かし器を使うか，水道水を加熱して用意する．吸引ビン内の熱湯は【操作7】の前に捨てる）．

【操作7】

油状物質を溶かした液を，熱いうちに手早く吸引濾過し，活性炭を除く（71ページ「吸引濾過」の項参照）．濾過の際，あまり勢いよくブフナーロートに注ぎ込むと，活性炭が濾紙の端から漏れてしまうことがあるので，濾紙の中心付近に連続的に注ぎ込むようにするとよい．活性炭のついた濾紙は，実験後，専用のごみ箱に捨てる．

【操作8】

吸引ビン内の濾液を直ちに300mLビーカーに移し，ウォーターバスを用いて回りから冷水で冷しながら静かに放置する．冷却に伴い，アセトアニリドの純白の結晶が析出する[*4]．

*4 このように溶媒の温度変化に伴う溶質の溶解度差を利用して，純粋な結晶を得る方法を「再結晶」という．

【操作 9 】

　充分に冷却した後，析出した結晶を吸引濾過して，ブフナーロートの上に集める．吸引ビン内をいったん常圧に戻した後，結晶に約10 mLの冷水を注いで結晶を洗浄した後，吸引したまま，試薬ビンのふたで結晶を軽く押さえ，よく水切りする．次いで，わら半紙上に結晶を取り出す（本操作については，72ページ「結晶の洗浄」の項参照．本操作の場合は，ブフナーロート等を加温してはいけない．吸引ビン内に残った濾液は「酸・アルカリ廃液」に捨てる）．

　得られた結晶が純白でなく灰色を帯びている場合は，活性炭が混入していることを示している．その場合は，その結晶を100 mLの蒸留水に加えた後，【操作 5 】からやり直す．ただし，その場合，【操作 6 】で活性炭は加えない．

【操作10】

　結晶を風乾[*]させ，次回の実験の際に，わら半紙も含めた全重量を秤り，わら半紙の重量を差し引いて得られた結晶の重量を求める．ただし，実験日程の都合上，風乾することなく，当日，結晶標品を提出することもある．

（【操作 2 】～【操作 4 】に代わる簡便法）

【操作 A 】

　乾いた太径の試験管にアニリン全量（ 5 mL）を入れ，次いで，試験管を水道水または水浴で冷しながら無水酢酸をゆっくり加える．試験管の底に固形物が生成し，固液二層を形成してしまった場合は，冷やしながら撹拌棒で撹拌する（使用後のメスシリンダーは直ちに水洗する）．

【操作 B 】

　反応物の入った試験管を水浴に入れ，およそ 10 分間加熱する．

【操作 C 】

　直ちに，約 120 mLの蒸留水の入った300 mLのビーカーの中に反応液を注ぎ入れる（試験管は直ちに水洗する）．

---

[*]室温で空気中に放置して乾燥させるのを「風乾」という．結晶が風で飛ばないように，また，ゴミが入らないように，わら半紙で包んで実験台の引き出し等に入れておくとよい．

吸引濾過のしかた

装置の組み立て

図2－44のように装置を組み立てる．

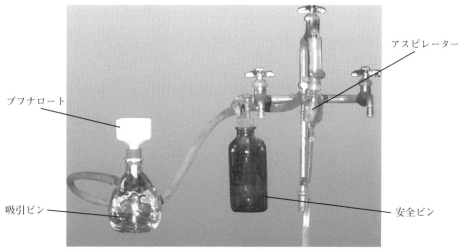

図2－44　吸引濾過装置

　少量の水で濾紙（55 mm径）をぬらしてブフナーロートにはりつけ，アスピレーターに水を最大量流し，次に，安全ビンのコックを閉めると，吸引ビン内が減圧になって，濾紙はブフナーロートに密着する．

吸引濾過

　濾過しようとする液を，上澄液の方から静かにブフナーロートの中へ注ぐ．濾過を始めたらブフナーロート内の液が絶えないように，あふれない程度にどんどん注ぎ込む．

　液を全部注ぎ入れた後，液体部分がすべて吸引ビン内に流れ落ちたら，安全ビンのコックを開けて，吸引ビン内を常圧に戻す．

　安全ビンがない場合は，**水道水を止める前**に，まず，吸引ビンにつないである耐圧ゴム管を外して吸引ビン内を常圧に戻す（無理な力を加えると口の部分が折れることがあるので注意する）．その後，水道水を止める．常圧に戻す前に水を止めると，水が逆流し，濾液の中へ水が飛び込んでくることがある．

結晶の洗浄

　ブフナーロート上の結晶に，結晶がやっと浸る程度の蒸留水を加える．先をまるくした撹拌棒で，濾紙を破らないように注意しながら，軽く結晶をかきまぜた後，吸引して洗液を濾過する．

　液体部分が全部下に流れ落ちたら，ブフナーロート上の結晶を，試薬ビンの栓でよく押しつける．

図2－45　試薬ビンの栓で押しつける

　充分に押しつけて，もはや液滴が落ちなくなれば，吸引ビン内を常圧に戻してから，水道を止める．

　ブフナーロートを，ゴム栓をつけたまま取りはずし，わらばん紙の上に結晶を取り出す．取り出しにスパーテルを用いてもよい．

　ブフナーロートのゴム栓は外さないこと．

図2－46　わら半紙の上に結晶を取り出す

実験が終わったら

　使用した器具をよく洗って水切りかごの中にいれる．ブフナーロートについているゴム栓はつけたまま洗浄する．

　次回に結晶の重量を秤る実験日程となっている場合は，当日の実験では結晶標品を提示して，巻末の**実験シート7**に実験終了印を受ける．（結晶が灰色であったり黒かったりする場合は，**【操作9】**にしたがって一部やり直しを求める場合がある．）結晶は，74ページで示すようにわら半紙で包み，各自の実験台の引き出しに入れておく（わら半紙には氏名を記しておく）．次回，結晶の重量を計りアセトアニリドを入れるポリ瓶に結晶を入れ，わら半紙はくずかごに捨てる．

　当日，結晶の重量を計って全実験を終了する日程の場合は，結晶を提示して実験終了印を受けた後，アセトアニリドを入れるポリ容器に結晶を入れ，わら半紙はくずかごに捨てる．

　各自の実験台を清掃，整理整頓し，**点検票7**に記入し，提出した後，退出する．掃除当番に当たっている場合は，**掃除当番作業一覧**にしたがって作業を行う．

レポート

次項「解説」にしたがって収率を計算し，その結果について考察する．
レポートは，**実験シート7**を表紙として提出する．

解　説

アセチル化反応

アミノ基（NH$_2$），イミノ基（NH），水酸基（OH）の水素原子をアセチル基（CH$_3$CO）で置換する反応で，アシル化（RCO基の導入）反応の一種である．アセチル化剤としては，無水酢酸，塩化アセチル（アセチルクロリド）が用いられる．

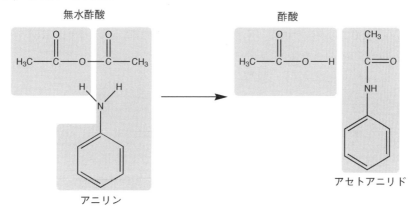

図2－47　アニリンと無水酢酸の関係

アミノ基をアシル化して，酸アミド（RCONH）とすると，一般にアミノ基の塩基性が失われて中性となり，また，他の試薬，たとえば，酸化剤に対して安定となる．また，一般に融点が高くなり，結晶化しやすくなる（この実験では，室温で液体のアニリンが，固体のアセトアニリドとなる）．

一方，酸アミドを酸（たとえば6 M 塩酸）と煮沸すると，加水分解して元のアミノ基に戻る．したがって，アミノ基のアシル化は有機合成においてアミノ基の保護や確認などの目的に用いられる．また，NH$_2$ 基をNHCOCH$_3$ 基にすることにより，置換反応を容易にする NH$_2$ 基の効果を減少させることができるので，合成手段としても重要である．

収　率

　「実際に得られた収量」を「実験条件下で，反応式から理論的に得られるはずの収量」で割った値を「収率」という．実際の反応では，副生成物ができることや，生成物を完全には回収できないことから，収率が 100% になることはない．

　特定の物質を合成する際には，多段階の反応を経ることが多い．たとえば，10 段階で行われる合成反応において，仮にそれぞれの段階の収率が90% の高率であったとしても，最終的な収率は 35% になってしまうので，各段階の収率を上げることが重要になる．収率は合成条件の他に，実験者の技術にも大きく依存する．

　単純な化学反応の例として，$X + Y \longrightarrow Z$ を考える．それぞれの分子量が50，100，150であるとする．X の 5 g（0.1モル）とY の 10 g（0.1モル）から，Z の 15 g（0.1モル）ができるはずである．したがって，実際に Z が7.5 gが得られたとすれば，収率は 50% である．

　また，X の 5 g と Y の 5 g から出発した場合，反応は Y の量に制限されるので，理論的に得られる Z の量は7.5 g となる．

　この実験では，アニリンと無水酢酸を体積で計り取っているので，それぞれの体積と比重から，反応に用いた重量と，そのモル数を計算する．

結晶の包み方
　わら半紙の中心付近に結晶を置いた後，下図のようにわら半紙を折る．まず対角線で半分に折る（A）．底辺を概ね三等分するように両側を折る（B）．点線部分を順次谷折りする（C，D）．点線で山折りにして内側にたくし込み（E），完成（F）．
　粉末状や顆粒状の試薬を薬包紙で包むときの折り方もこれと同じである．

A　　　　　B　　　　　C　　　　　D　　　　　E　　　　　F

Ⅱ　実　験	**実験8　　中和熱の測定**
	標準実験時間：１２０分

　ほとんどの化学反応には熱の出入りが伴う．歴史的には，様々な反応や変化に伴う熱の出入りを正確に測定することにより，「エネルギー」に関する基本的な概念が確立された．現代においても，種々の反応における正確な熱測定値は重要な化学情報のひとつである．

　ここでは，中和反応に伴う発熱を定量的に測定することを試みる[*]．

概　要

　水と氷を共存させることにより，温度を $0\,°C$ に保った容器を用意する．その容器で濃度既知の HCl と NaOH を反応させる．反応により放出された熱によって周りの氷が溶け，体積が減少する．その体積変化を正確に測定することにより，発生した熱量を求める．

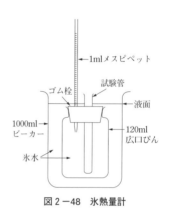

図２-48　氷熱量計

使用するもの（２人１組）

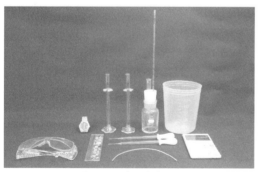

図２-49　主な実験器具

器具等

　氷熱量計（中ビン），試験管，プラスチック製ビーカー1000 mL（または 500 mLガラス製ビーカー），メスシリンダー10 mL（２本），スポイト（２本），プラスチック製細管，砕いた氷１kg程度，秒針付き時計，保護メガネ，定規（15cm程度のものを各自用意する）．

試　薬

　6 M HCl，6 M NaOH

[*]この実験は**室温が高くない時期**に行うのが望ましい．

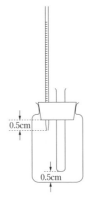

実験操作

酸・塩基の準備

【操作1】

　6 M HClを 3.0 mL，6 M NaOH を 4.0 mL，スポイトとメスシリンダーを用いて正確にはかり取り，メスシリンダー中に保存しておく．

熱量計の組み立て

図2−50　中ビン

【操作2】

　ゴム栓に試験管と 1 mL のメスピペットを差し込む．これを，上図のように広口ビンに軽く押し込んでみて，試験管の底が広口ビンの底より0.5 cm ほどの高さになるように調整する．また，メスピペットの下端が，ゴム栓から 0.5 cm 程度出ているように調整する．

【操作3】

　1000 mLのプラスチック製ビーカーに氷を充分入れ，これに，水道水を加えて，800 mL 程度のシャーベット状の氷水を作る．[*1]

【操作4】

　120 mLの広口ビンの上端まで氷を詰め，さらに，上端まで水道水を加え，シャーベット状にする．[*1]

【操作5】

　試験管と 1 mL のメスピペットが差し込んであるゴム栓を，回転させるようにしてしっかりと静かに広口ビンに押し込む．この際，広口ビン内に空気が残らないように注意する．しっかりと栓をするにつれ，余分な水がピペットを通って上がってくる．そうでなければ，水が少なすぎるか，あるいはどこかに隙間があるので，それらを調整する．メニスカス（ピペット内の水の上端）がゼロの目盛りより上に来るよう，ゴム栓をしっかりと押し込む．

【操作6】

　この広口ビン全体をビーカーの氷水中に沈める．試験管の中に氷水が入らないように注意しながら，広口ビンの**ゴム栓の上まで**氷水に浸す（図2−48参照）．

[*1]水を加えると氷が溶けるので，適宜，氷を加える．氷の量が少ないと，うまく測定できない．

【操作 7 】

　メスシリンダー中の 6 M HCl を，氷熱量計のゴム栓につけた試験管の中に入れる．また，メスシリンダーから 6 M NaOH を試験管に移し，これを，ビーカー中の氷水につけておく．こうして全体が 0 ℃ になるように10分間ほど静置する．この段階が不十分であると，大きな誤差を生む可能性がある．この間，特に最初のうちは，室温に置いてあった 6 M HCl のために徐々にメニスカスが下がっていくが，顕著でなければそのままにしてよい．

【操作 8 】

　熱量計全体が 0 ℃ になったと判断されたら，必要に応じてメスピペットのメニスカスの高さを調整する．すなわち，ピペット内の水がピペットのゼロの目盛りよりも上にある場合は，メニスカスをゼロの目盛りか，または，それよりわずかに下になるように，プラスチック製細管をピペットの上端から差し込んで適当量を口で静かに吸い上げる．メニスカスを正確にゼロに合わせ

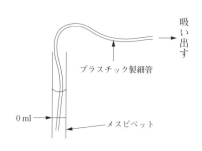

図 2 −51　メニスカスの調整

る必要はない．ただし，0.5 mL 付近より下から始めると，反応が進んだ後メニスカスが下がりすぎて読みとれなくなるおそれがあるので，メニスカスを 0 mL 付近にしておくのがよい．

中和熱の測定

【操作 9 】

　中和反応開始予定時刻の 3 分前から30秒ごとに，メニスカスの高さを0.001 mL の精度（最小目盛りの1/10）で読みとり，**実験シートの表にその都度記入**する．読みとりの際，小数点の位置などを間違えないように，前もって読みとりの練習をしておくとよい．また，グラフに測定値をその都度プロット（点を記入）する．

【操作10】

　開始時刻になったら，氷水につけておいた試験管中の 6 M NaOH を氷熱量計中の 6 M HCl へ慎重に，一気に加える．このとき，氷熱量計の試験管やゴム栓などに触れると，メニスカスの読みに大きな誤差が生じることがあるので，触れないように注意する．また，しずくや氷片などが試験管内に入らないように，氷水から取り出した試験管をすばやく雑巾やタオルなどで拭くのもよい．

【操作11】

　反応開始前を含め，30秒ごとに15〜18分間，メニスカスの目盛りを読み
とり，実験シートにその都度記録する．共同実験者と呼吸を合わせて正確
に読みとるようにする．

　中和反応開始時から5分間のみ，30秒ごとに測定し，それ以外は1分おきの測定として
もよい．

　なんらかの理由で一，二度，読みとりに失敗しても，実験を中断する必要はない．たと
えば1分の時点での読みとりをうっかり忘れてしまったとしても，すぐさま目盛りを読み
とり，読みとった時刻（たとえば1分15秒）とともに目盛りの読みを記録する．以後は当
初の予定通り実験を続行する．

【操作12】

　広口ビンを取り出し，試験管中の反応液を流しに捨てる．試験管内を蒸
留水ですすぎ，逆さにする．試験管内を完全に乾燥させる必要はないが，
できるだけ水を切るようにする．ピペットを折らないように気をつける．
広口ビンに氷と水道水を必要に応じて加える．

　以上の操作をさらに2回繰り返す．（次頁の ΔV の値がよく再現すれば，
1回の繰り返しでもよい）．別紙グラフに記入する際は，測定結果が混乱し
ないよう測定ごとに色を変えたり，記号を変えたりなどの工夫をするとよ
い．

実験が終わったら

　巻末の**実験シート8**に測定結果を記入して提
示し，実験終了印を受ける．

　器具の洗浄を行う．試験管内を蒸留水ですす
ぎ，逆さにする．試験管内を完全に乾燥させる
必要はないが，できるだけ水を切るようにする．
ピペットを折らないように気をつける．右図の
部分は分解しなくてもよい．

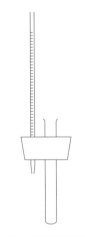

図2−52　この部分は分解しない

　各自の実験台を清掃，整理整頓し，**点検票8**
に記入し提出した後，退出する．掃除当番に当
たっている場合は，**掃除当番作業一覧**にしたがって作業を行う．

レポート

　次項「データ処理」，「解説」に基
づいて計算を行い，その結果を考察
する．「課題」も含め，**実験シート 8**
を表紙として提出する．

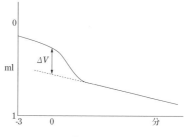

図 2−53　グラフから ΔV を求める

データ処理

　各時点でのピペットの目盛りの読みから，メニスカスの読みを時間に対
してプロットする．このグラフから，全体の体積の変化量 ΔV を求め，そ
の平均値を求める．

　反応後の変化が直線にならない場合は，測定の終わりの方（12〜15分）
に重点を置いて直線を引く．

　下記のデータを用いて，この中和反応で発生した熱量を，ΔV から計算
する．これより，HCl と NaOH の中和反応のエンタルピー変化 ΔH（J mol^{-1}）
を計算する．有効数字 3 桁まで求めよ（発熱量 q とエンタルピー変化 ΔH
は $q = -\Delta H$ の関係にある）．計算方法については，《ヒント》を参考にせよ．

　文献値，$\Delta H = -56.8$ kJ mol^{-1} と比較し，考察を加えよ．

データ
　水の分子量　18.0
　氷の融解熱（1 気圧，0 ℃）$\Delta H = 6.00$ kJ mol^{-1}
　密度（1 気圧，0 ℃）水 1.000 g cm^{-3}，氷 0.917g cm^{-3}

《ヒント》

　次の ［　］を埋めながら，計算方法を考えよ（0 ℃，1 気圧におけるも
のとする）．

　水（H$_2$O）の分子量は，18.0 であるから，水 1 mol は ［　］g である．

　氷が水になるとき，密度が 0.917 g cm^{-3} から 1.000 g cm^{-3} になる．これ
は，体積としては，1 mol あたり，［　］cm^3 から ［　］cm^3 へ減少す
ることになる．すなわち，氷が水になるこ
とで減少する体積 ΔV は，1 mol あたり
［　］cm^3 ということになる．

　また，氷が水になるとき，1 mol あたり
6.00 kJ の熱量を吸収する．

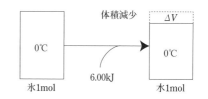

図 2−54　氷の融解に伴う変化

　　実験で体積変化を求めた．これと上記の値から，広口ビン内の氷水が吸収した熱量を計算できる．これを，試験管内の中和熱反応で放出された熱量とみなす．

　　この氷熱量計では，広口ビン内部もビーカーも0℃に保たれている．

　　試験管内で中和が起こると，その反応熱によって反応液の温度が上昇する．するとその温度差によって熱が広口ビン内の氷水に流出し（ニュートンの冷却の法則），温度差を打ち消そうとする．この熱の流出は迅速であり，中和反応は常に0℃で行われていると考えてよい．

　　一方，広口ビン内とビーカーの間で温度差はなく，したがって，両者間で熱の出入りはない（試験管と広口ビンは「透熱的」であり，広口ビンとビーカーは「断熱的」である）．つまり，中和反応で発生した熱量は原則としてすべて広口ビン内部の氷を溶かすのに使われる．

　　ある系（実験の対象となる物質）が，定圧で吸収する熱量を「エンタルピー変化」といい ΔH で表す．発熱反応では系から熱量が放出され，系がエネルギーを失うので，$\Delta H < 0$ となる．発熱量 q とは符号が逆になるので注意する．

　　エネルギーの単位としては通常，J（ジュール）を使う．1 cal は 4.184 J と定義される．cal は SI 単位系（自然科学で用いる単位）ではないが，習慣的に使用が認められている（巻末の「SI 単位系」参照）．

1．6 M HCl と 6 M NaOHを混合するという操作は，それぞれを希釈することに対応する．希釈には熱の出入りが伴う．仮に，この希釈熱が無視できないほど大きいとすれば，この点は，誤差としてどのような影響があると考えられるか考察せよ．これを補正するには，どのような実験を行えばよいか（実際には希釈熱の大きさは中和熱に比べて小さく，また今回の実験法の精度では検出がむずかしい．したがって無視してよい）．

2．氷が水になるとき，体積が減少するのはなぜか．

Ⅱ　実　験	**実験9　　食酢中の酢酸の定量**
	標準実験時間：70分

「定量」は化学実験におけるもっとも基礎的な操作のひとつである．様々な定量法があるが，ここでは，中和滴定を取り上げ，基本的な操作法を学ぶ．

概　要

正確な濃度が知られている標準 HCl 溶液に，濃度未知の NaOH 溶液を滴下し，NaOH の濃度を正確に求める．この NaOH 溶液を用いて，濃度未知の食酢を滴定することにより，食酢中の酢酸の濃度を計算する．

使用するもの（2人1組）

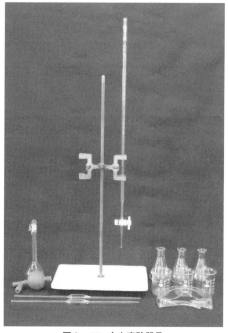

図2-55　主な実験器具
左奥:メスフラスコ，中央：ビュレットとビュレットスタンド

器　具

メスフラスコ100 mL，ホールピペット10 mL（2本），スポイト，ビュレット25 mL，ビュレット挟み付ビュレットスタンド，三角フラスコ100 mL（3個），ビーカー100 mL（3個），保護メガネ，安全ピペッター．

試　薬

HCl標準液（正確な濃度を標定済み；黒板に記された値を参照），約0.1 M NaOH，食酢，フェノールフタレイン溶液

実験操作

準　備

【操作 1 】

　試薬棚から，HCl 標準液をビーカーに約60 mL，約 0.1 M NaOH 溶液を約100 mL，食酢を約30 mL 取る．

NaOH溶液の標定

【操作 2 】

　ホールピペットと安全ピペッターを用いて，三角フラスコに HCl 標準液10.0 mL を正確に計り取る．

　安全ピペッターは 24〜25 ページの記事にしたがって操作する．要点は以下の通りである．

・下図の (a) のようにホールピペットを安全ピペッターに差しこむ．
・A の両側を指で強めに押したままゴム球を押しつぶし，ゴム球の空気を抜く．
・ピペットの先端を，HCl 標準液の入ったビーカーの底に接触する寸前まで下ろす．
・S の両側を押すとピペットに液が吸い上げられる (b)．標線を少し超えるまで液を吸い上げたら S から指を離す．
・E の両側を慎重に押して液を少量ずつ排出し，メニスカスを 0 mL の標線に合わせる．
・E を強めに押して内容液の大半を三角フラスコに排出する．
・ピペット先端にわずかに残る液体は，E を押したまま，E の先端を親指などで強く押して排出する (c)．

図1−24　安全ピペッターの使い方（再録）

【操作3】

　指示薬として三角フラスコに，フェノールフタレイン溶液を2〜3滴加える（加えすぎると液が濁ることがある）．

【操作4】

　標定しようとする約0.1 MのNaOH溶液をビュレットに入れる．ビュレットの活栓を少し開けて，**ビュレットの先端まで**NaOH溶液を満たす．1〜2滴，流しへ落としてもよい．

【操作5】

　メニスカスの目盛りを，最小目盛りの1/10まで目分量で読んだ後，HCl溶液中に滴下させて滴定する．滴下ごとによく混合する．溶液が淡紅色を呈し，撹拌してもその色が少なくとも30秒ほどは消えなくなる点を終点とする（淡紅色を見やすくするために，三角フラスコの下に白い紙を敷くとよい）．

　終了後の液は，流しに捨てる．

図2-56　滴下しながら色の変化を見る

【操作6】

　メニスカスの読みの差から，中和に必要としたNaOH溶液量を求める．

【操作7】

　新しい三角フラスコを用意する．または，上記で用いた三角フラスコを充分量の水道水ですすいだ後，蒸留水でよくすすぎ，水を切る（乾燥させる必要はない）．

　【操作2】からの手順を3回繰り返し，必要としたNaOHの量の平均値を求める．その値から，用いたNaOH溶液の正確な濃度を算出する．ビュレット内のNaOHが不足しそうな場合はその都度，滴定開始前に補充する．

●注意！
　ホールピペットやビュレットの内側に水滴などがついていた場合は，使用する溶液を数mL使って，内部を二度すすぐ．また，三角フラスコ内は，少々水でぬれていてもよい．

食酢の標定

【操作 8 】

食酢10 mL（密度 1.02 g cm^{-3}）をホールピペットで 100 mL のメスフラスコに取る（この際，【操作 2 】で用いたホールピペットをそのまま用いてはならない）.

【操作 9 】

メスフラスコに，ビーカーなどを用いて蒸留水を加える．水面が標線近くまで来たら，スポイトを用いて正確に標線に合わせる（洗ビンで標線に合わせようとすると失敗する）．栓をし，ゆっくり数回上下逆さにしてよく混合する．混合後，乾いたビーカーなどに移す．

図 2 −57　メスフラスコの振り方

【操作10】

薄めた食酢 10 mL をホールピペットで取り，三角フラスコに入れる．フェノールフタレイン溶液を 2 〜 3 滴加え，標定した NaOH 標準液で滴定する．上記と同様に 3 回行い，濃度を算出する.

実験が終わったら

結果を巻末の**実験シート 9** に記入して提示し，実験終了印を受ける．各実験器具をよく洗浄する．特にビュレットは充分にすすぐ（アルカリが残っていると，ビュレットが使用不能になることが多い）．洗浄後は，活栓を外しておく.

各自の実験台を清掃，整理整頓し，**点検票 9** に記入し提出した後，退出する．掃除当番に当たっている場合は，**掃除当番作業一覧**にしたがって作業を行う.

レポート

食酢中の酢酸濃度の計算結果を記して考察する．「課題」も含める．レポートは**実験シート 9** を表紙として提出する.

解 説

　一般に HCl，NaOH の溶液を作る際，きちんと計り取って希釈しても計算した通りの正確な濃度の溶液にはならない．そこで本来は，炭酸ナトリウム Na_2CO_3 の標準液を作成し，これによって，HCl 溶液を標定することから始める．本実験では，実験当日の午前中に濃度を標定した HCl を提供している．

　モル濃度 m の塩酸 V mL と，モル濃度 m' の水酸化ナトリウム V' mLとが中和したとすると，

$$mV = m'V' \tag{1}$$

の関係がある．

　また，モル濃度 m の硫酸 V mL と，モル濃度 m' の水酸化ナトリウム V' mLとが中和したとすると，

$$2mV = m'V' \tag{2}$$

となる．これは，硫酸 1 モルからは 2 モルの H^+ が放出されるからである．

　21 ページで紹介した「規定度」という単位では，放出しうる H^+ や OH^- の濃度を表すので，酸やアルカリの種類にかかわらず，統一的な関係式を導ける．すなわち，n 規定の酸 V mL と n' 規定の塩基 V' mL とが中和したとすると，

$$nV = n'V' \tag{3}$$

の関係がある．

課 題

　塩酸は強酸であり，水溶液中ではすべて電離して H^+ を放出する（H^+ は水分子 H_2O と結合してヒドロニウムイオン H_3O^+ として存在する）．水酸化ナトリウムは強塩基であり，水溶液中ですべて電離して OH^- を放出する．同量の H^+ と OH^- とで中和が成立するのであるから，塩酸と水酸化ナトリウムの中和反応で，上式 $mV = m'V'$，あるいは，$nV = n'V'$ が成り立つのは当然である．

　一方，酢酸は弱酸であり，次のような平衡が成り立っている．

$$CH_3COOH \rightleftharpoons CH_3COO^- + H^+$$

　平衡定数 K は，1.75×10^{-5} M であり，たとえば，0.1 M 溶液ではわずかに 1.3％しか電離していない．つまり，同じ濃度で比較すると，HCl の 1.3％ しか H^+ が存在していないことになる．「弱酸」といわれるゆえんである．にもかかわらず，酢酸と水酸化ナトリウムの中和反応も，やはり，同じ式 $nV = n'V'$ で与えられる．その理由を考察せよ．

Ⅱ　実　験	実験10　　時計反応の反応速度
	標準実験時間：１３０分

　平衡は化学反応を定量的に特徴づける主要な要素であるが，この他に反応速度が重要である．平衡は時間を明確には考慮しないが，反応速度には時間の概念が伴う．ここでは「時計反応」と呼ばれる反応を利用して反応速度の測定を行うことにより，反応速度と反応速度定数を評価し，これらに及ぼす種々の要因についての理解を深める．

概　要

　ペルオキソ二硫酸アンモニウムと，ヨウ化カリウムの反応における速度定数と反応次数を求め，さらに，反応の活性化エネルギーを求める．

使用するもの（２人１組）

図２−58　主な実験器具

器具等

　ビーカー100 mL（３個），ビーカー500 mL，メスシリンダー10 mL（３本），三角フラスコ100 mL（２個），洗い桶またはウォーターバス，スポイト，温度計（0～100℃）[*]，ガスバーナー，三脚，セラミック付金網，氷，保護メガネ，秒針付き時計（各自で用意する），電卓．

試　薬

　0.100 M（NH_4)$_2$ S_2O_8（ペルオキソ二硫酸アンモニウム），0.2 M KI（ヨウ化カリウム），0.005 M $Na_2S_2O_3$（チオ硫酸ナトリウム），0.1 M $(NH_4)_2SO_4$（硫酸アンモニウム），0.2 M KCl（塩化カリウム），2% でんぷん溶液

[*]温度計内のアルコールが途切れていないことを確認する．

準　備

【操作1】

　試薬棚から，0.2M KI を約80 mL，0.100M $(NH_4)_2S_2O_8$ を約80 mL、また，0.005M $Na_2S_2O_3$ を約40mL，それぞれ100mLビーカーに取る（ビーカーの目盛を目安にする）．他の試薬は使用の都度，試薬棚から取る．

反応速度の測定

　表2-1に示す溶液の組み合わせ1～5のそれぞれについて，室温で反応速度を測定する．

表2-1　反応溶液の組成

反応	三角フラスコA			三角フラスコB		
	0.2M KI	+	0.2M KCl	0.1M$(NH_4)_2S_2O_8$	+	0.1M$(NH_4)_2SO_4$
1	8.0ml		—	8.0ml		—
2	4.0ml	+	4.0ml	8.0ml		—
3	8.0ml		—	4.0ml	+	4.0ml
4	8.0ml		—	6.0ml	+	2.0ml
5	6.0ml	+	2.0ml	8.0ml		—

反応1～5のそれぞれについて反応速度を測定すること．

【操作2】

　表2-1にしたがって，Aの三角フラスコには0.2M KIと0.2M KCl を，Bの三角フラスコには0.1M $(NH_4)_2S_2O_8$ と 0.1M $(NH_4)_2SO_4$ を，それぞれメスシリンダーで計り取って入れる．まず，反応1を行う場合，0.2M KI 8mLをAに，0.1M $(NH_4)_2S_2O_8$ 8mL を B に入れる．メスシリンダーは試薬を計り取るごとに水道水と蒸留水ですすぎ，水をよく切る．

【操作3】

　フラスコAにはさらに，0.005M $Na_2S_2O_3$ 4.0 mLとでんぷん溶液2滴を加え，よく撹拌する．

【操作4】

　時計を見ながら，フラスコBの溶液を，こぼさないように注意しながらすみやかにフラスコAに加え，直ちに，撹拌する（三角フラスコ上部の首の部分を指でしっかり持ち，フラスコの底が弧を描くように振って溶液を撹拌する．フラスコを手のひらで握ってはならない．また，フラスコを激しく振ったり，上下に振ったりしてはならない）．溶液を加えた時点を反応開始時刻とし，溶液がうす青色に発色するまでの時間を測定する．発色す

るまでの時間は数十秒から数分程度である．反応開始から発色までの間，軽く撹拌し続ける．

【操作 5】

発色したら時間を記録するとともに，直ちに，フラスコに温度計を挿入して溶液の温度を測定し，記録する．この際，三角フラスコを傾け，温度計の先端部全体を溶液に入れた状態で溶液の温度を測定する．

【操作 6】

溶液を流しに捨てる．フラスコAを水道水と蒸留水ですすいだ後，水をよく切る．乾燥させる必要はない．フラスコBは実験終了まで洗浄する必要はない。

上記の操作を，表2−1の反応2〜5について順次，同様に行い，結果を実験シートに記入する．反応2〜5では，KCl と $(NH_4)_2SO_4$ は，それぞれ KI，$(NH_4)_2S_2O_8$ を希釈するために加える（水で希釈しない理由は，90ページの参考1を参照せよ）．

活性化エネルギーの測定

表2−1の反応1を種々の温度で行い，反応の活性化エネルギーを評価する．

【操作 7】

Aの三角フラスコには0.2M KI 8.0mLを，また，Bの三角フラスコには0.1M $(NH_4)_2S_2O_8$ 8.0mLをそれぞれ入れる（表2−1の反応1と同じ）．フラスコAにはさらに，0.005M $Na_2S_2O_3$ 4.0 mLとでんぷん溶液2滴を加え，よく撹拌する．

【操作 8】

洗い桶の内部を軽く洗ってから、7分目ほど水道水を入れる（洗い桶はウォーターバスで代用してよい）．別途，湯沸器から熱湯をビーカーにとって洗い桶の水に加え，液温をおよそ「室温＋10℃」に設定する（正確な温度がわかればよく，厳密に「＋10℃」である必要はない）．

【操作 9】

二つのフラスコを洗い桶中の水に浸して10分間ほど軽く撹拌し，温度を洗い桶の水と同じにする．フラスコAを洗い桶に浸したまま，フラスコBの溶液をフラスコAに加え反応を開始する．発色するまでの時間を測定する．

【操作10】

　発色したら，直ちに温度計を挿入して溶液の温度を測定する．温度の測定が終わるまで，フラスコＡは洗い桶につけておく．測定終了後，フラスコＡを水道水と蒸留水ですすぐ．

【操作11】

　洗い桶に氷を加えて，温度をおよそ「室温−10℃」に設定する．**【操作7】**，**【操作9】**，**【操作10】**を行い，発色までの時間と温度を測定する．

【操作12】

　洗い桶に氷を加えて温度をおよそ「室温−20℃」とするか，または，シャーベット状にして0℃に設定し，上記と同様の実験を行なう．

　室温での実験（前半の実験の反応1）とあわせて結果を実験シートに記入する．終了後の液は流しに捨てる．

参考1
　電解質溶液では各イオン間に静電相互作用があり，この相互作用の大きさの変化が反応速度に影響を与える．電解質溶液を水で希釈すると，イオン間の相互作用は小さくなる．実験1では，電解質で希釈し全イオン濃度（正確にはイオン強度）を一定に保つことによって，相互作用の大きさの変化を防いでいる．

参考2
　重金属イオンはこの反応に対して触媒作用を持つ．微量の重金属イオンの存在で反応速度はかなり大きくなる．したがって，他の実験者に比べて速度定数が異常に大きくなった場合は，器具の汚染が考えられる．

実験が終わったら

　巻末の**実験シート10**に実験データを記して提示し，実験終了印を受ける．水道水でよくすすいだ後，最後に蒸留水ですすいでおく．各自の実験台を清掃，整理整頓し，**点検票10**に記入し提出した後，退出する．掃除当番に当たっている場合は，**掃除当番作業一覧**にしたがって作業を行う．

レポート

　次項「解説」を参考にして実験結果を解析し，**実験シート10** の必要部分を完成する．計算方法はレポート本文に記す．課題も含めてレポートを作成し，**実験シート10**を表紙として提出する．

実験の要点とデータの解析

この実験は，水溶液中における次の反応

$$2I^- + S_2O_8^{2-} \longrightarrow I_2 + 2SO_4^{2-} \tag{1}$$

について，反応速度 v,

$$v = -\frac{d[S_2O_8^{2-}]}{dt} = k\,[I^-]^m[S_2O_8^{2-}]^n \tag{2}$$

を測定し，その結果から速度定数 k と反応次数 m, n を求めるとともに，反応の活性化エネルギー E_a を求めることを目的としている．

この実験では，反応溶液に少量の $S_2O_3^{2-}$ を加えている．この場合，

$$I_2 + 2S_2O_3^{2-} \longrightarrow 2I^- + S_4O_6^{2-} \tag{3}$$

という速い反応が起こり，(1) の反応で生成した I_2 はただちに再び I^- に還元される．そのため (1) の反応は，$S_2O_3^{2-}$ が消費しつくされるまでは，I^- の濃度 $[I^-]$ は反応開始時の濃度（初濃度）で一定であり，I_2 の濃度はゼロである．$S_2O_3^{2-}$ がすべて消費されると，その時点で I_2 が生成し始め，加えておいたデンプンと反応して溶液は青く着色する．

この間の，各イオン濃度の時間変化を図2−59に示す．反応開始から溶液が発色するまでの時間を t とすれば，t までに減少する $S_2O_8^{2-}$ の濃度（$\Delta[S_2O_8^{2-}]$, 図のa）は，反応開始時の $S_2O_3^{2-}$ の濃度（$[S_2O_3^{2-}]_0$, 図のb）の半分である（式 (1) と (3) 参照）．したがって反応速度 v を，$[S_2O_3^{2-}]_0$ を用いて次のように表すことができる．

$$v = \frac{\Delta[S_2O_8^{2-}]}{t} = \frac{[S_2O_3^{2-}]_0}{2t} \tag{4}$$

式 (4) と (2) より，

$$\frac{[S_2O_3^{2-}]_0}{2\,t} = k\,[I^-]^{\,m}\,[S_2O_8^{2-}]^{\,n} \tag{5}$$

である.

　ここで，$[S_2O_3^{2-}]_0$ は既知の値であり，また，既に述べたように $[I^-]$ も時間 t までは反応開始時の濃度で一定である．また，$[S_2O_3^{2-}]_0$ を $[S_2O_8^{2-}]$ より非常に小さくしておけば（すなわち，溶液が発色するまでに消費される $[S_2O_8^{2-}]$ の量を，その初濃度に比べて，ごく小さくしておけば），時間 t までは，$[S_2O_8^{2-}]$ の濃度も初濃度で一定であると近似できる．

　$[I^-]$ と $[S_2O_8^{2-}]$ を変えた３組の反応（表２−１の反応１，２，３）の t をそれぞれ t_1，t_2，t_3 とすると，(5) より，$t_2/t_1 = 2^m$，$t_3/t_1 = 2^n$ となり，m と n の値が求められる（m と n は整数である）．m と n の値が求められれば，(5) によって k が評価できる．

　さらに別の濃度についても測定することにより，k が各イオン濃度に依存しない（ぼぼ一定値をとる）ことが確認できる．

　次に，温度を変えて同様の実験を行ない，反応の活性化エネルギーを求める．速度定数 k と活性化エネルギー E_a との間には，

$$k = A\exp(-\frac{E_a}{RT}) \tag{6}\ \ *$$

という関係（アレニウスの式）があるから，両辺の自然対数をとると，

$$\ln k = -\frac{E_a}{RT} + \ln A \tag{7}$$

が得られる．$\ln k$ を y，$-E_a/R$ を a，$1/T$を x，$\ln A$ を b とみなせば，(7) は $y = ax + b$ 型の直線である．すなわち，絶対温度 T の逆数 $1/T$ に対して k の自然対数 $\ln k$ をプロットすれば直線となり，その傾きが $-E_a/R$ となる．R は気体定数で，$8.31\ \mathrm{JK^{-1}mol^{-1}}$ であるから，直線の傾きから E_a を求めることができる．

$^*\exp(x)$ は e^x と同じ．$e \fallingdotseq 2.718$

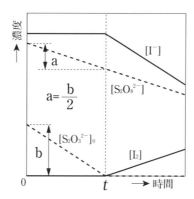

図2－59　イオン濃度の時間変化

反応速度，反応速度定数，反応次数

　単純な化学反応 A　→　B　を考える．反応速度 v は反応物質 A の濃度に比例するので，$v＝k[A]$ である．比例定数 k を反応速度定数という．この場合，濃度の項が一次（濃度の一乗）であるから，これを一次反応という．この「1」に相当する数値を**反応次数**という．ある反応の速度が反応物質の濃度に比例すれば，それは一次反応である．

　反応の進行とともに A の濃度は減少し，B は増加する．反応速度 v は，一定の経過時間 Δt における A の濃度の減少量 $\Delta[A]$，または，B の濃度の増加量 $\Delta[B]$ である（v の単位は Ms^{-1} である）．

$$v＝\frac{\Delta[A]}{\Delta t}　=　\frac{\Delta[B]}{\Delta t} \tag{8}$$

たとえば，1分間に A の濃度が 6×10^{-5} M 減少したとすれば，$\Delta t＝60\mathrm{s}$（60秒），$\Delta[A]＝6\times10^{-5}$ M であり，このときの反応速度 v は $1\times10^{-6}\mathrm{Ms}^{-1}$ である．

　A の濃度は次第に減少するから，反応速度も刻々と小さくなる．厳密な議論をする場合には，ある短い一瞬 $\mathrm{d}t$ の濃度変化量 $\mathrm{d}[A]$ として，$v＝-\mathrm{d}[A]/\mathrm{d}t$ のように微分形で反応速度を表す（A は減少するので，その変化量 $\mathrm{d}[A]$ は負の値である．v は正の値として定義されるので $\mathrm{d}[A]$ に負号をつけ，両辺で正負を合わせる）．

　反応開始直後で，A がまだほとんど消費されていない状態では，A はほぼ直線的に減少し，B はほぼ直線的に増大する．この直線から得られる反応速度を初速度という．この間，A の濃度は反応開始時の濃度（初濃度）

で一定であると近似できるので，初速度は初濃度の反応速度であると見なせる．

　上述のようにこの実験では，反応液が青く着色する時点までは I^- の濃度は変化せず，またすでに反応した $S_2O_8^{2-}$ も少ないから，着色するまでの時間の濃度変化から求めた反応速度は初速度と見なせる．

　$2A + 3B \rightarrow C$ と表される反応があるとすると，形式上は $v = k\,[A]^2[B]^3$ となる．この場合の反応次数は，A について 2 次，B について 3 次である．この場合，B の濃度を一定にして，A の濃度を 2 倍にすれば，反応速度は 4 倍になるはずである．

　しかし一般に，実際にはこのように単純にはならない．$v = [A]^m[B]^n$ とした場合の m や n は，実験的に求めなければならない．形式上の数値と実際の数値が異なるのは，反応が単純ではなく，途中で複雑な経路をたどるからである．

　他方，反応速度定数 k は温度に依存する．化学反応は，途中でエネルギーの大きい状態（遷移状態）を経るため，反応物質は遷移状態を乗り越えるエネルギー（すなわち**活性化エネルギーE_a**）を持たねばならない．温度が高くなればE_aより大きなエネルギーを持つ反応物質（分子やイオンなど）の割合が大きくなるため，反応速度定数が大きくなるのである．

課　題

1．室温付近で温度が 1 ℃変化することによって k の値がどの程度変化するか求めよ．

2．温度，時間および試料量の測定誤差をそれぞれ 1 ℃，1 秒，0.1 cm^3 としたとき，得られたkの値にもっとも影響するのはどの測定値か．

3．(5)式から k を求める際に，「$S_2O_8^{2-}$ の濃度は，溶液が無色である間は初期濃度で一定である」とみなしたが，この仮定は妥当であろうか．上の測定誤差と比較して考えよ．

Ⅱ　実　験	実験11　　モル比熱の測定
	標準実験時間：７０分

　物質１gの温度を１度上げるのに必要なエネルギーを「比熱」，物質１モルの温度を１度上げるのに必要なエネルギーを「モル比熱」という．これらは，マクロな量であるが，物質のミクロな構造を反映している．

　ここでは，原子量を異にする三種類の金属の比熱とモル比熱を簡便な方法で求め，「デュロン・プティの法則」を検証する．

概　要

　沸騰した水に十円硬貨などの金属片を浸す．これを，室温にある100 mLの水に加える．水の温度上昇を正確に測定することにより，各金属の比熱を計算する．アルミニウム，銅，鉛それぞれについて実験を行う．

使用するもの（２人１組）

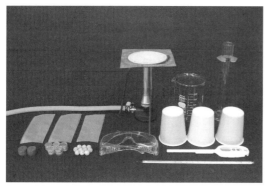

図２-60　主な実験器具

器具等

　ビーカー500 mL，メスシリンダー100 mL，三脚，セラミック付金網，ガスバーナー，紙コップ[*1]（３個），デジタル温度計，温度計（通常の温度計），十円硬貨（20枚）[*2]，一円硬貨（50枚）[*3]，釣り用おもり３号（10個），耐熱性ビニール袋（３枚）[*3]，保護メガネ．

[*1]発泡スチロールのコップでもよい．
[*2]十円硬貨（20枚），一円硬貨（50枚）は各グループで用意する．この実験では，一円硬貨，十円硬貨，釣り用おもりはそれぞれアルミニウム，銅，および鉛として用いる．一円硬貨は一枚の質量が1.00 g，十円硬貨は4.50 g，また，３号おもりは１個 約10.5 gである．
[*3]耐熱性ビニール袋の代わりに，市販のお菓子を入れてある細長いアルミニウム製の袋（5〜10c m程度，長さ15〜20 cm程度）を各自用意して使ってもよい．

実験操作

準　備

　この実験では水として水道水を用いる．水道水が濁っている場合は，30秒ほど流した後，採水する．

　教卓にある電子天秤で，釣り用おもり3号 10 個の重さを計る（一円硬貨，十円硬貨の重さは，上述の値を使用する）．

図2−61　電子天秤

【操作 1 】

　500 mLビーカーに水を約400 mL入れ，ガスバーナーで沸騰するまで加熱する．（湯沸器の熱湯をビーカーにとってから加熱してもよい．）温度計を入れて温度を確認する（沸騰している場合でも，温度計が98〜99℃を指す場合があるが，100℃とみなす）．いったん沸騰したら，軽く沸騰し続ける程度にガスバーナーを調節する．必要以上に強熱しない．

【操作 2 】

　3つの紙コップそれぞれに，メスシリンダーを用いて100 mL の水を入れる（ガスバーナーの影響を受けないよう，紙コップはバーナーから少し離れた場所に置く）．

　その一つにデジタル温度計のセンサーを入れ，軽く撹拌した後，温度を測定する（一定値になるのに 10 秒以上の時間がかかる場合がある）．センサーは入れ放しにしておいてもよい．

【操作 3 】

　耐熱性ビニール袋を 3 枚用意し，それぞれに十円硬貨 20 枚，一円硬貨 50 枚，および，釣り用おもり10 個を入れる．どの袋にどの金属を入れたかがわかるようにしておく．

　それぞれを，ビーカーの沸騰水につける．袋の中に沸騰水が入らないように気をつける．

　軽く沸騰する（98〜100℃が保たれる）程度にバーナーの火を調節しながら，15分以上加熱する．加熱中，沸騰水の温度が100℃ 付近であることを時々確認する．

【操作4】

紙コップの水の温度を測定し，巻末の**実験シート11**に転記する．

十円硬貨を入れた袋を取り出し，雑巾などで直ちに水滴を拭き取り，すぐに紙コップの中に十円硬貨をいれる（あわてずに，しかし迅速に．十円硬貨をこぼさないように注意せよ）．直ちにデジタル温度計のセンサー部で水を撹拌する（センサー部が硬貨に触れないように注意する）．水温が直ちに上昇し始め，10 秒ほどで一定値に達する．その温度（最高温度）を記録する．

各温度を記録した後は，この紙コップの水を流しに捨て，紙コップは逆さにして乾かしておく．デジタル温度計のセンサーを次の紙コップの水につけ，水温を測定する．

【操作5】

続いて，一円硬貨について【操作4】と同様の操作を行う（【操作4】の「十円硬貨」を「一円硬貨」と読み替える）．

【操作6】

続いて，釣り用おもりについて【操作4】と同様の操作を行う．

実験が終わったら

巻末の**実験シート11**に実験結果を記入し，実験終了印を受ける．

ビーカーとメスシリンダーを蒸留水ですすぐ（洗浄する必要はない）．デジタル温度計，耐熱性ビニール袋を教卓へ返却する．紙コップは，次週まで乾燥させておく（乾燥した紙コップは，次週，釣り用おもりを中に入れ，机にしまっておく）．各自の実験台を清掃，整理整頓し，**点検票11**に記入し，提出した後，退出する．掃除当番に当たっている場合は，**掃除当番作業一覧**にしたがって作業を行う．

レポート

解説にしたがって，銅，アルミニウム，および，鉛の比熱とモル比熱を計算する．課題も含めてレポートを作成し，**実験シート11**を表紙として提出する．

比熱の計算

　物質 1 g の温度を 1 度上げるのに必要なエネルギーを比熱という．単位は，$J\,K^{-1}g^{-1}$ である（J は SI 単位系におけるエネルギーの単位．SI 単位系とは，メートルや秒など，自然科学で使われる単位系である．エネルギーの単位としては cal がなじみ深いが，これは，SI 単位系ではない．長さの単位としての「尺」などと同様，自然科学では原則として使わない約束である（145ページ参照）．

　沸騰水中に保たれた金属Xの温度は，100℃である（計算にはこの値を用いよ）．このXを，紙コップ内の水に加えることで，X の温度は低下し，また室温にあった水の温度は上昇する．10秒ほどで両者の温度が一致し，平衡に達する．

　このとき，

　　「Xが失ったエネルギー」＝「水が得たエネルギー」　　　　　　　　（1）

が成立する．（実際には容器や空気などとのエネルギーの出入りがあるが，それらは無視できるものとする．）

　また，

　　Xが失ったエネルギー ＝ Xの温度変化 × Xの比熱 × Xの質量　　　（2）

　　水が得たエネルギー　 ＝ 水の温度変化 × 水の比熱 × 水の質量　　　（3）

である．水の比熱は，その本来の定義により，$1\,cal\,K^{-1}g^{-1}$ である．1 cal は，約4.18 J であり，SI 単位系では水の比熱は次のように表される（25℃における値．比熱は厳密には温度の関数である）．

　　水の比熱 ＝ $4.18\,J\,K^{-1}\,g^{-1}$

　以上より，式(2)と(3)で未知の量は「Xの比熱」だけであり，実験データを用いて計算することができる．

モル比熱の計算

　「モル比熱」は物質 1 モルの温度を 1 度上昇させるのに必要なエネルギーである．モル熱容量ともいう．単位は，$J K^{-1} mol^{-1}$ である．

　この値は，比熱と原子量から計算できる．ある物質の 1 モルは，その物質の原子量，または分子量に「グラム」をつけた量．水素原子の原子量は 1.0 であるから，水素原子の 1 モルは，その 1.0 g である．同様に水素分子の分子量は 2.0 であるから，水素分子の 1 モルはその 2.0 g である．

　各金属の原子量，密度，比熱は次の通りである．

　原子量：Al = 27.0，Cu = 63.5，Pb = 207

　密度：Al = $2.70 \, g \, cm^{-3}$，Cu = $8.96 \, g \, cm^{-3}$，Pb = $11.3 \, g \, cm^{-3}$

　比熱：Al = $0.897 \, J K^{-1} g^{-1}$，Cu = $0.385 \, J K^{-1} g^{-1}$，Pb = $0.129 \, J K^{-1} g^{-1}$

　室温付近では，各金属のモル比熱は，その種類によらず，気体定数 R（$8.31 \, J K^{-1} mol^{-1}$）の約 3 倍というほぼ一定値を示すはずである．これを「デュロン・プティの法則」という．

　このことは，金属に加えられたエネルギーが，その金属の質量にではなく，原子数に応じて分配されることを意味する．これは「エネルギーの等分配則」の一例である．

　本実験は身近な器具を用いているが，加熱中の金属片に水を付けないなどの点に注意すれば，かなり正確な値を求めることができる．

課　題

1. 各金属の密度と比熱の関係について気づくことを記せ．

2. この実験では，水の温度上昇を計るときの容器に紙コップ（あるいは発泡スチロールのコップ）を用いている．紙コップの代わりに熱伝導のよい重い金属容器を用いると大きな誤差の原因となると考えられる．その理由を考察せよ．

Ⅱ　実　験	実験12　吸光度と吸収スペクトルの測定
	標準実験時間：１８０分

> 　化学系の実験室で最もよく使う分析機器のひとつが，吸光度や吸収スペクトルを測定する吸光分光光度計である．
>
> 　ここでは，その基本的な取り扱い方と，Lambert-Beer の法則を学ぶ．

概　要

　濃度の異なるメチルオレンジ溶液の吸光度を酸性の条件で測定する．また，濃度が一定のメチルオレンジ溶液の，種々の波長における吸光度を，酸性および弱酸性の条件で測定し，吸収スペクトルを測定する（本実験は，前半と後半の２回に分ける場合がある）．

使用するもの（２人１組）

図２−62　主な実験器具

器具等

　試験管10本（ϕ16mm程度のもの），試験管立て，50〜100mL程度のビーカー2個，三角フラスコ50mL2個，分光光度計用セル[*1]（以下，「セル」という）2〜4本，10mLおよび25mLメスシリンダー各1〜2本，スポイト2本．他に，吸光分光光度計（以下，分光光度計），実験用の紙ウエス（商品名「キムワイプ」など），実験用フィルム（商品名「パラフィルム」など）を共通に用いる．

試薬等

　蒸留水（以下，「水」），メチルオレンジ水溶液（100μMおよび20μM[*2]），0.1N塩酸，pH3.5とpH5の各緩衝液

[*1]吸光度を測定する水溶液の容器．通常，角形の，光路長（セルの内のり）が1cmのものを用いる．学習用の簡易型分光光度計では，試験管をセルとして用いることがある．この場合，試験管の内径を光路長と見なし，得られた値を1cmあたりの値に換算する．すなわち，内径が1.2cmであったら，得られた値を1.2で割る．

[*2]100μM溶液はLambert-Beerの法則の検証で，また20μM溶液は吸収スペクトルの測定で用いる．メチルオレンジの式量は327．100μM溶液は0.0327g/L= 3.27mg/100mLである．

実験操作

1．Lambert - Beer の法則の検証

予備操作

【操作1】 学生実験でよく用いられる簡易型の分光光度計の例を図2－63に示す[1].

　分光光度計の電源を入れる．試薬棚に用意してある 100 μM メチルオレンジ水溶液を約 20 mL，0.1 N 塩酸を約 30 mL，三角フラスコなどの容器に取る.

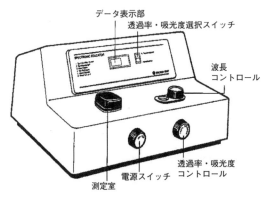

図2－63　分光光度計の外観と操作スイッチの例

[1]ここで例示したもの（島津理化器械株式会社の教育用分光光度計）は，透過率と吸光度のデジタル表示を切り替え可能なタイプのものであるが，指針が数値目盛り上を動くアナログ型のものもある．後者の場合は透過率と吸光度の切り替えの必要はない.

測定用溶液の調製

【操作2】 メチルオレンジ水溶液 15 mL と塩酸 15 mL をメスシリンダーで計り取って混合し，0.05 N 塩酸中の 50 μM メチルオレンジ溶液とする（溶液の pH を約 1.3 と見なす）．メスシリンダーが1本しかない場合は，先にメチルオレンジを計り取った後，水でよくすすぎ、十分に水を切ってから塩酸を計り取る.

　水 25 mL と塩酸 25 mL をメスシリンダーで計り取って混合し，0.05 N 塩酸を作成する.

　試験管を6本用意し，それぞれを A ～ F とする．50 μM メチルオレンジ溶液と 0.05 N 塩酸を，それぞれ右の表のような割合で混合する（メスシ

リンダーを用いて，できるだけ正確に計り取る[*1]．混合後，試験管の口に、2～3 cm 角に切ったパラフィルムを当てて指で押さえ，1，2度，ゆっくり上下逆さにして，溶液を均一にする．

　残った 50 μM メチルオレンジ溶液は，そのまま測定に供する（これをサンプル G とする）．

試験管（サンプル名）	A	B	C	D	E	F
50 μM メチルオレンジ/mL	1	2	3	4	5	6
0.05 N 塩酸/mL	9	8	7	6	5	4

[*1] 試験管Aの場合について具体的な操作例を示す．

　1本のメスシリンダーを使う場合，10 mL メスシリンダーに8mL程度まで0.05N塩酸を加え，最後にスポイトを用いて正確に 9 mL とする．次に 50 μM メチルオレンジの溶液を，別のスポイトを用いて慎重・正確に 10 mL の標線まで 1 mL 加える．その後，パラフィルムでメスシリンダーの口をふさぎ，ゆっくり1，2度，上下逆さにして，溶液を均一にする．その後，乾いた試験管に移す．

　メスシリンダーは水道水と蒸留水で充分にすすいだ後，少量（1 mL 程度）の 0.05 N 塩酸ですすぐ．これを次のサンプルに用いる．

　この方法では，誤ってメチルオレンジを過剰に加えてしまうと，初めからやり直さねばならないが，操作は単純である．

　2本のメスシリンダーを使う場合は，それぞれのメスシリンダーに 9 mL の水と 1 mL のメチルオレンジを取り，それぞれを試験管に加えて混合する．この場合，試験管内の混合液を一部，メチルオレンジの入っていたメスシリンダーに戻し，かるく内部をすすいでから試験管にもう一度戻し，混合するとより正確になる．ただし，操作が増える分，こぼしたりする可能性があるので注意を要する．

　スポイトを扱う際には，先端を上に向けないように注意する．

分光光度計の調整

【操作3】透過率・吸光度選択スイッチを「透過率」側にする（アナログ型の装置ではこの操作は必要ない．以下同じ）．波長コントロールで，波長を 520 nm とする（1 nm = 10^{-9}m）．

　水をセルに2/3～3/4 程度入れ，キムワイプでセルの外側を拭う（水滴や汚れが残ると，測定誤差の原因となる）．測定室の蓋を開け，セルを挿入する（底につくまで，垂直に丁寧に入れる．乱暴に入れるとセルが破損することがある）．蓋を閉める．

　透過率・吸光度コントロールを回して，データ表示部の値が 100（透過率 100 %）を示すようにする．透過率・吸光度選択スイッチを「吸光度」側にして，データ表示部がゼロを示すことを確認し，以後，この吸光度モ

ードのままとする（透過率、吸光度がデジタル表示される場合，最後の桁の数値が多少ふらつくことがあるが，あまり顕著でなければ，そのままにしてよい）．

　ここまでで使ったセルは水専用とする．

吸光度の測定

【操作4】　Aの液を別のセルに 2/3 程度入れ，セルの外壁をキムワイプで拭った後，測定室に入れて吸光度を測定・記録する．測定したら，セル内の液を試験管Aに戻す．

　試験管Bの液を 1 mL ほどセルに入れて内壁をすすぐ．すすいだ液は廃液入れに捨てる．Bの液をセルに 2/3 程度入れ，セルの外壁をキムワイプでよく拭った後，測定室に入れて吸光度を測定・記録する．以下，同様の方法でFまで測定し，最後にサンプルGの吸光度を測定する．

２．吸収スペクトルの測定

各種pHでのメチルオレンジ溶液の調製

【操作5】

　0.1 N 塩酸 5 mL、pH 3.5 の緩衝液 5 mL、pH 5 の緩衝液 5 mL のそれぞれに，20 μM メチルオレンジ溶液 5 mL を加える．混合法は**【操作2】**を参照せよ．緩衝液や塩酸が互いに混じらないように注意しながら器具を用いること．

【操作6】

　4本のセルを用意し，それぞれに，水および**【操作5】**で用意した各溶液を入れる．

　波長を 400 nm とし，水を用いて吸光度をゼロに合わせる．続いて他のサンプルの吸光度を測定し，**実験シート12**の表に記入する．

　次に波長を 410 nm とし，水を用いて吸光度をゼロに合わせた後，各サンプルの吸光度を測定する．以下同様にして，600 nm まで 10 nm ごとにそれぞれのサンプルの吸光度を測定する（各波長ごとに「吸光度ゼロ合わせ」を行う）．

実験が終わったら

　巻末の**実験シート12**に実験結果を記入し，実験終了印を受ける．

　試験管内の実験廃液を，廃液入れに捨てる．実験器具を洗剤とブラシで

洗い，水道水ですすいだ後，蒸留水ですすぐ．

　各自の実験台を清掃，整理整頓し，**点検票12**に記入し，提出した後，退出する．掃除当番に当たっている場合は，**掃除当番作業一覧**にしたがって作業を行う．

レポート

　下記の記事および解説を参考にしてレポートを作成し，**実験シート12**を表紙として提出する．

　「１．Lambert-Beer の法則の検証」では，濃度と吸光度の関係をグラフにする．吸光度は，光路長 1 cm 当たりに換算する（たとえば光路長が 1.2 cm のセルを用いた場合は，得られた値を 1.2 で割る）．直線関係が成立する範囲のデータを用いて，その傾きから、520 nm でのモル吸光係数を計算する．直線の傾きは，グラフから目分量で求めてもよいが，より正確には最小二乗法を用いる（**解説**参照）．

　「２．吸収スペクトルの測定」では，pH を異にする三種類のサンプルについて，波長と吸光度の関係をグラフに描き，なめらかな曲線で結ぶ．すなわち，各 pH での吸収スペクトルを作成する．各 pH で吸光度が等しくなる波長（スペクトルが交わる点；**等吸収点**）を求め，その波長におけるモル吸光係数を計算する．

解　説

　ある物質が溶けている濃度 c の水溶液を考える．この溶液に，強度 I_0 の単色光を入射したとき，透過した光の強度を I とすると，その比，

　　$T = I / I_0$

を透過率 (transimittance) という．通常，％で表示する．すなわち，強度 100 の光を入射して，透過光の強度が 10 の場合，透過率 10 ％であるという．溶液の濃度が高くなるほど透過率は減少する．

　透過率の常用対数にマイナスを付けた値，$-\log T$ を吸光度(absorbance)といい，A で表す．

　　$A = -\log T = -\log (I/I_0)$

透過率が 10 ％ であれば吸光度は１，また，透過率が 1 ％であれば吸光度は２である（吸光度１は、溶液を通ると光の強さが１桁小さくなること，吸光度２は２桁小さくなることを示す）．

　溶液中を光が通過する距離を**光路長**といい，記号 l で表す．光路長が長くなるほど，透過率が減少し吸光度が大きくなる．光路長として 1 cm が用いられることが多い．

　吸光度は，濃度 c と光路長 l に比例する．これを **Lambert-Beer の法則**という[*1]．濃度を mol / L（M）で，また，光路長を cm で表したときの比例定数を**モル吸光係数**といい ε で表す．すなわち，

$$A = \varepsilon\, cl$$

モル吸光係数は，溶液 1 M，光路長 1 cm の時の吸光度である．

　同じ濃度，同じ光路長でも，溶液の吸光度は波長によって異なる．波長ごとの吸光度の大きさを示したグラフを吸収スペクトルという[*2]．

[*1] 溶液の濃度が高く吸光度が大きいと，測定される吸光度が濃度に比例せず，本来より小さい値が得られることがある．比例が成り立つ範囲は装置によって異なるが，簡便型の分光光度計ではその範囲が狭いので，吸光度が 1 前後を超える溶液は，適宜希釈して吸光度 1 以下で測定し，希釈倍率をかけることで吸光度を求める．

[*2] 吸収スペクトルは，溶液に限らず，気体や固体についても得ることができる．比較的単純な構造の気体分子の吸収スペクトルは，特定の波長だけで吸収を示すことが多い．溶液の場合はある領域にわたって吸収が見られる．

　モル吸光係数は，濃度 と吸光度 のグラフの傾きとして求めることができる．その傾き a は x と y に の関係が成立するものとして，最小二乗法（最小自乗法）によって計算できる．最小二乗法とは，ばらつきのあるデータから，最も確からしい値（最適値）を統計的に導く代表的方法である．本実験のように に適用する場合，a と b の最適値は，次の式で与えられる．

$$a = \frac{n\Sigma xy - \Sigma x \Sigma y}{n\Sigma x^2 - (\Sigma x^2)} \qquad b = \frac{\Sigma y - a\Sigma x}{n}$$

　n はデータ数である．n 個のデータはそれぞれ，濃度 x と吸光度 y の組み合わせ，(x, y) で表される．各データの x の値（計 n 個）をすべて足し合わせたものが Σx，x の値の二乗を足し合わせたものが Σx^2，y の値を足し合わせたものが Σy，また各データの x と y の積 xy を足し合わせたものが Σxy である．この実験では理論上，b の値はゼロのはずであるから，対応する式として $y = ax$ を用いてもよいが，ここではより一般的な式を用いる．実験が精度よく行われれば b の値はゼロに近い値となる．

Ⅱ 実 験	後片付け

これで実験はすべて終了である．

これまで使ってきた実験器具を点検，洗浄し，また，実験室の掃除を行い，次学期にこの実験室で受講する人が，直ちに実験を始められるようにしておこう．

1．本書27ページの**器具一覧**にしたがい，必要な器具が揃っているかどうか点検する．

2．ひと通りチェックした後，不足している器具があれば担当教員に申し出て補充する．また必要以上にある器具については，教卓に提出する．

3．実験器具の洗浄，および，実験台付近の掃除を行う．**点検票B**によりチェックを行い，記入し提出する．掃除当番に当たっている場合は，**掃除当番作業一覧**にしたがって作業を行う．

4．実験台に掛けてある名札を指示にしたがって片付ける．自分の使っていたレポート棚とロッカーが空になっているか確認する．

お疲れさまでした．

Ⅲ　付　録

実験1　　ガラス細工

_____学部_____学科_____年　　学生コード_____

氏名　_____

作成した本数

スポイト　　　　　　（　　　　）本

撹拌棒　　　　　　　（　　　　）本

遠心管用の撹拌棒　　（　　　　）本

考察

_____

_____

_____

_____

_____

_____

実験日：____月____日

開始時間：____時____分

終了時間：____時____分

実験終了印

実験2　　　測定とその誤差

_____学部_____学科_____年　　学生コード_____

氏名　_____

測定結果を表に書き入れよ.

回数	蒸留水		10%グリセリン	
	20滴の滴下体積 (mL)	1滴の体積(mL) 有効数字3桁*	20滴の滴下体積 (mL)	1滴の体積(mL) 有効数字3桁*
1				
2				
3				
4				
5				
6				
7				
8				
9				
10				
1滴の平均				
標準偏差				

*小数点以下3桁ではないことに注意

クラス全員の1滴の値の平均**　　　クラス全員の標準偏差**

　蒸留水_____mL　　　　蒸留水_____mL

　10%グリセリン_____mL　　　　10%グリセリン_____mL

** 掲示板に張り出された結果から転記する.

実験日：___月___日
開始時間：___時___分
終了時間：___時___分

実験終了印

実験3，4 金属陽イオンの性質(1),(2)

_____学部_____学科____年　学生コード_____

　　　　　　　　　　　　　氏名　_____

　実験結果を下記の空欄に記入せよ(該当しない場合はその旨を記入する).

網掛けの部分（裏面）は実験結果を提示する.

塩酸との反応（操作2）

イオン	沈殿の化学式	沈殿の物質名	沈殿の色	温水に対する溶解性
Ag^+				
Pb^{2+}				
Cu^{2+}				

硫化水素との反応（操作6，7）

イオン	沈殿の化学式	沈殿の物質名	沈殿の色	沈殿を形成する液性
Cu^{2+}				
Cd^{2+}				
Ni^{2+}				

実験3

実験日：___月___日

開始時間：___時___分

終了時間：___時___分

実験終了印

実験4

実験日：___月___日

開始時間：___時___分

終了時間：___時___分

実験終了印

水酸化物の形成（弱アルカリ性）（操作9）

	沈殿の化学式	沈殿の物質名	沈殿の色
Al^{3+}			
Fe^{3+}			
Zn^{2+}			

Zn^{2+}とNaOHの反応（操作10）

	1滴加えたときの生成物の化学式	1滴加えたときの生成物の物質名	1滴加えたときの生成物の色
Zn^{2+}			

	過剰に加えたときの生成物の化学式	過剰に加えたときの生成物の物質名	過剰に加えたときの生成物の色
Zn^{2+}			

操作11

	生成物の化学式	生成物の物質名	生成物の色
Fe^{3+}			

操作12

	沈殿の説明	沈殿の色
Al^{3+}		

_____学部_____学科_____年　学生コード_____

氏名　_____

この実験のフローチャートを下記の要領で作成せよ.

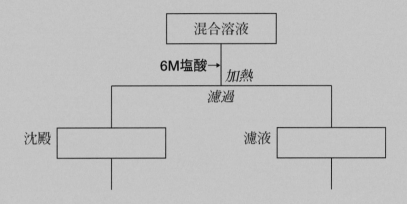

（裏面に続く）

実験 5

実験日：___月___日

開始時間：___時___分

終了時間：___時___分

実験終了印

実験 6

実験日：___月___日

開始時間：___時___分

終了時間：___時___分

実験終了印

（前頁からのフローチャートの続き）

実験7　アセトアニリドの合成

_____学部_____学科_____年　学生コード_____

氏名　_____

（共同実験者氏名　_____）

実験開始前に下記の1～3を完成せよ．必要事項は実験の項に記されている．実験終了後，4と5を記入せよ．

1．アセトアニリドの分子量はいくらか．

2．アニリン 5.0 mL，無水酢酸 8.0 mL は，それぞれの何モルか．

3．アニリン 5.0 mL と無水酢酸 8.0 mL からは，計算上，何グラムのアセトアニリドができるか．

4．実験で得られたアセトアニリドの収量_____ g

5．収率_____％（有効数字2桁）

実験日：___月___日
開始時間：___時___分
終了時間：___時___分

実験終了印

実験 8　　中和熱の測定

_____学部_____学科_____年　学生コード_____

氏名　_____

_____
（共同実験者氏名）

測定結果を表に書き入れよ．

（0.123 mL の場合，「123」などと略記してもよい）．

数値を裏面のグラフにプロットせよ．

分	1回目	2	3		
−3					
−2.5					
−2					
−1.5					
−1					
−0.5					
0					
0.5					
1					
1.5					
2					
2.5					
3					
3.5					
4					
4.5					
5					
5.5					
6					
6.5					
7					
7.5					
8					
8.5					
9					
9.5					
10					
10.5					
11					
11.5					
12					
12.5					
13					
13.5					
14					
14.5					
15					

	ΔV(mL)
1回目	
2回目	
3回目	
平均	

実験日：_____月_____日
開始時間：_____時_____分
終了時間：_____時_____分

実験終了印

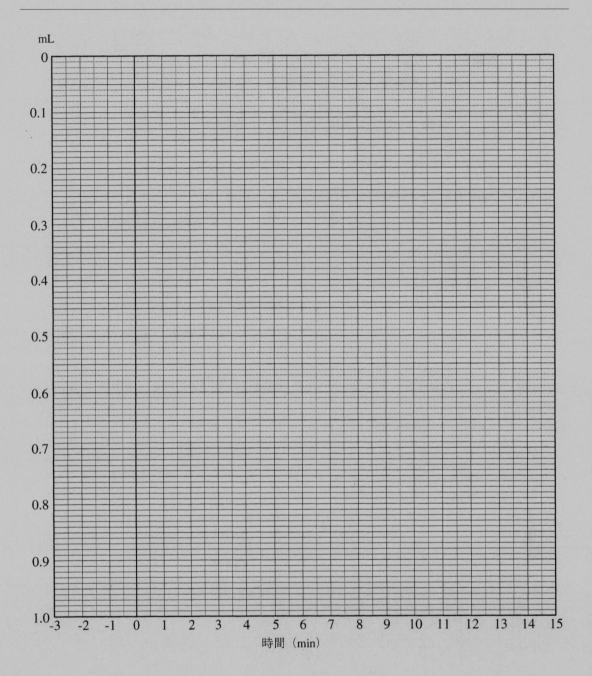

実験9　　食酢中の酢酸の定量

＿＿＿＿＿学部＿＿＿＿＿学科＿＿＿年　　学生コード＿＿＿＿＿＿＿＿

氏名　＿＿＿＿＿＿＿＿＿＿＿＿＿

（共同実験者氏名　＿＿＿＿＿＿＿＿＿＿＿＿＿＿＿）

1．滴定実験の結果をまとめよ（小数点以下2桁まで測定・記録せよ）.

No.	標定に用いた NaOH(mL)	希釈食酢を中和した NaOH(mL)
1		
2		
3		
平均値		

2．今回の滴定実験で用いた各溶液について，次のカッコ内に数値をいれよ（レポート提出時）.

（1）標準 HCl の濃度（モル濃度）　　　　　[　　　　　M]

（2）標定に用いた NaOH の量　　　　　　　[　　　　　mL]

（3）標定に用いた NaOH の平均濃度　　　　[　　　　　M]

（4）希釈食酢を中和した標準 NaOH の平均量　[　　　　　mL]

（5）希釈食酢中の酢酸の濃度　　　　　　　[　　　　　M]

（6）実験に用いた食酢の希釈度　　　　　　[　　　　　倍]

（7）もとの食酢中の酢酸の濃度　　　　　　[　　　　　M]

（8）算出された食酢中の酢酸の重量%　　　[　　　　　%]

注1：M濃度，%濃度は有効数字3桁で示す.

注2：mL数は小数点以下2桁まで示す.

実験日：＿＿月＿＿日
開始時間：＿＿時＿＿分
終了時間：＿＿時＿＿分

実験終了印

実験10　　時計反応の反応速度

_____学部_____学科_____年　　学生コード_____

氏名　_____

（共同実験者氏名　_____　）

速度定数の測定

1．下の表にデータを書き入れよ．

反応	温度（℃）	t（秒）	$[S_2O_3^{2-}]_0$	$[I^-]$	$[S_2O_8^{2-}]$	k
1						
2						
3						
4						
5						

2．反応1，2，3のtをそれぞれt_1，t_2，t_3とすると，

$$[S_2O_3^{2-}]_0/2t = k[I^-]^m[S_2O_8^{2-}]^n \quad より （92ページの(5)式）$$

$$t_2/t_1 = 2^m, \ t_3/t_1 = 2^n$$

となり，mおよびnが求められる．通常，m，nともに整数となる．

反応次数m，nを求めよ．

$t_2/t_1 =$ _____，　　$m =$ _____（整数）

$t_3/t_1 =$ _____，　　$n =$ _____（整数）

3．各反応についてkを求め，濃度が変化してもkの値がほぼ一定であることを確かめよ．

実験日：___月___日

開始時間：___時___分

終了時間：___時___分

実験終了印

反応の活性化エネルギーの測定

1．下の表にデータを書き入れよ．

	T (K)	1/T	t (s)	k	ln k
室温－20℃					
室温－10℃					
室温＝反応1					
室温＋10℃					

　（注）ln k は，k の自然対数である．ln k = 2.303 log₁₀k

2．1/Tとln k に対するln k の値（上の表の4点）を下のグラフにプロットせよ．プロットがこのグラフにうまく収まるように縦軸と横軸の目盛りを記入せよ．

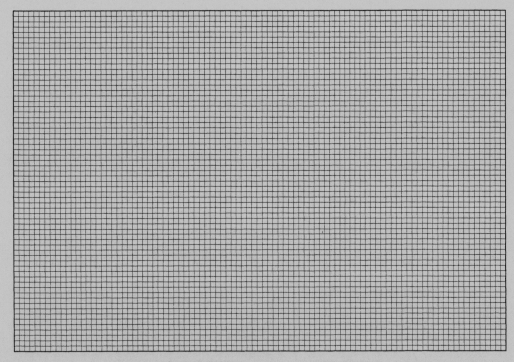

ln k

1/T

3．測定点が上下に均等に散らばるように直線を引き，その傾きを求めよ．

　　　直線の傾き ＝ －E_a/R ＝ _____　（R = 8.31 J K⁻¹mol⁻¹）

　　　活性化エネルギー ＝ _____ kJ/mol

実験11 モル比熱の測定

_____学部_____学科_____年　学生コード_____

氏名　_____

（共同実験者氏名　_____）

実験結果

測定結果を下の表に書き入れよ．

金属名	コップ水温（℃）		温度差
	金属投入直前	金属投入後	
銅			
アルミニウム			
鉛			

実験日：____月____日
開始時間：____時____分
終了時間：____時____分

実験終了印

実験12 吸光度と吸収スペクトルの測定

_____学部_____学科_____年　学生コード_____

氏名 _____

（共同実験者氏名 _____）

Lambert-Beer の法則の検証

サンプル	A	B	C	D	E	F	G
濃度/μM							
吸光度							

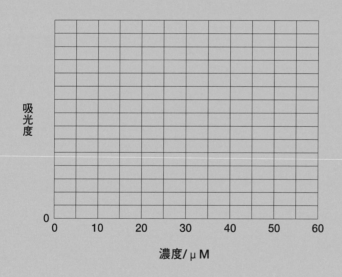

実験日：____月____日

開始時間：____時____分

終了時間：____時____分

実験終了印

吸収スペクトルの測定

波長/nm	400	410	420	430	440	450	460	470	480	490	500
pH1.3											
pH3.5											
pH5.0											

波長/nm	510	520	530	540	550	560	570	580	590	600
pH1.3										
pH3.5										
pH5.0										

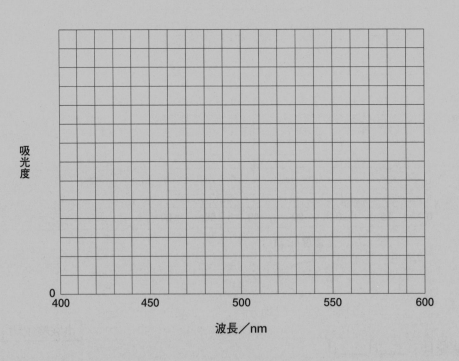

吸光度

0

400　　　　450　　　　500　　　　550　　　　600

波長／nm

点検票A　ガイダンス・準備・始める前に　　　　年　　月　　日

　　　　　学部　　　　　学科　　年　学籍番号　　　　　　氏名

下記の各項目について点検を終わりました．　　　　　　**Check!**

(1)　水道栓，ガス栓，ガスバーナーは閉じてある．　□

(2)　破損している器具，不足している器具の補充，交換をすませた．　□

(3)　実験器具の洗浄，後片付けをすませた．　□

(4)　実験台とその周辺を整理整頓し，きれいに拭いた．　□

(5)　可燃ゴミやガラスくずなどを，共通のくず入れに分別して捨てた．　□

(6)　次回の実験テーマと，必要な器具が揃っていることを確認した．　□

(7)　今日の掃除当番にあたっているかどうか確認した．　□

- -

点検票1　ガラス細工　　　　　　　　　　　　　　年　　月　　日

　　　　　学部　　　　　学科　　年　学籍番号　　　　　　氏名

下記の各項目について点検を終わりました．　　　　　　**Check!**

(1)　水道栓，ガス栓，ガスバーナーは閉じてある．　□

(2)　破損した器具の補充，交換をすませた．　□

(3)　実験器具の洗浄，後片付けをすませた．　□

(4)　実験台とその周辺を整理整頓し，きれいに拭いた．　□

(5)　可燃ゴミやガラスくずなどを，共通のくず入れに分別して捨てた．　□

(6)　次回の実験テーマを確認し，必要な器具が揃っていることを確認した．　□

(7)　今日の掃除当番にあたっているかどうか確認した．　□

- -

点検票2　測定とその誤差　　　　　　　　　　　年　　月　　日

　　　　　学部　　　　　学科　　年　学籍番号　　　　　　氏名

下記の各項目について点検を終わりました．　　　　　　**Check!**

(1)　水道栓，ガス栓，ガスバーナーは閉じてある．　□

(2)　破損した器具の補充，交換をすませた．　□

(3)　実験器具の洗浄，後片付けをすませた．　□

(4)　実験台とその周辺を整理整頓し，きれいに拭いた．　□

(5)　可燃ゴミやガラスくずなどを，共通のくず入れに分別して捨てた．　□

(6)　次回の実験テーマを確認し，必要な器具が揃っていることを確認した．　□

(7)　レポートの締め切り日を確認した．　□

(8)　今日の実験結果を，教卓の一覧表に記入した．　□

(9)　今日の掃除当番にあたっているかどうか確認した．　□

点検票3　金属陽イオンの性質（1）　　　　　　年　　月　　日

学部　　　　　学科　　年　学籍番号　　　　　氏名

下記の各項目について点検を終わりました.　　　　**Check!**
(1) 水道栓, ガス栓, ガスバーナーは閉じてある.
(2) 破損した器具の補充, 交換をすませた.
(3) 実験器具の洗浄, 後片付けをすませた.
(4) 実験台とその周辺を整理整頓し, きれいに拭いた.
(5) 可燃ゴミやガラスくずなどを, 共通のくず入れに分別して捨てた.
(6) 実験廃液を, 共通の廃液タンクに分別して捨てた.
(7) 次回の実験テーマを確認し, 必要な器具が揃っていることを確認した.
(8) 今日の掃除当番にあたっているかどうか確認した.

- -

点検票4　金属陽イオンの性質（2）　　　　　　年　　月　　日

学部　　　　　学科　　年　学籍番号　　　　　氏名

下記の各項目について点検を終わりました.　　　　**Check!**
(1) 水道栓, ガス栓, ガスバーナーは閉じてある.
(2) 破損した器具の補充, 交換をすませた.
(3) 実験器具の洗浄, 後片付けをすませた.
(4) 実験台とその周辺を整理整頓し, きれいに拭いた.
(5) 可燃ゴミやガラスくずなどを, 共通のくず入れに分別して捨てた.
(6) 実験廃液を, 共通の廃液タンクに分別して捨てた.
(7) 次回の実験テーマを確認し, 必要な器具が揃っていることを確認した.
(8) レポートの締め切り日を確認した.
(9) 今日の掃除当番にあたっているかどうか確認した.

- -

点検票5　陽イオン混合試料からの系統分析（1）　　年　　月　　日

学部　　　　　学科　　年　学籍番号　　　　　氏名

下記の各項目について点検を終わりました.　　　　**Check!**
(1) 水道栓, ガス栓, ガスバーナーは閉じてある.
(2) 破損した器具の補充, 交換をすませた.
(3) 実験器具の洗浄, 後片付けをすませた.
(4) 実験台とその周辺を整理整頓し, きれいに拭いた.
(5) 可燃ゴミやガラスくずなどを, 共通のくず入れに分別して捨てた.
(6) 実験廃液を, 共通の廃液タンクに分別して捨てた.
(7) 今日の掃除当番にあたっているかどうか確認した.

点検票6　陽イオン混合試料からの系統分析（2）　　　　年　　　月　　　日

学部　　　　　学科　　年　学籍番号　　　　　氏名

下記の各項目について点検を終わりました．　　　　　　　**Check!**

(1)　水道栓，ガス栓，ガスバーナーは閉じてある．

(2)　破損した器具の補充，交換をすませた．

(3)　実験器具の洗浄，後片付けをすませた．

(4)　実験台とその周辺を整理整頓し，きれいに拭いた．

(5)　可燃ゴミやガラスくずなどを，共通のくず入れに分別して捨てた．

(6)　実験廃液を，共通の廃液タンクに分別して捨てた．

(7)　次回の実験テーマを確認し，必要な器具が揃っていることを確認した．

(8)　レポートの締め切り日を確認した．

(9)　今日の掃除当番にあたっているかどうか確認した．

点検票7　アセトアニリドの合成　　　　　　　　年　　　月　　　日

学部　　　　　学科　　年　学籍番号　　　　　氏名

下記の各項目について点検を終わりました．　　　　　　　**Check!**

(1)　水道栓，ガス栓，ガスバーナーは閉じてある．

(2)　破損した器具の補充，交換をすませた．

(3)　アスピレーターや吸引ビンにつなぐゴムの劣化がないか確認した．

(4)　実験器具の洗浄，後片付けをすませた．

(5)　実験台とその周辺を整理整頓し，きれいに拭いた．

(6)　可燃ゴミやガラスくずなどを，共通のくず入れに分別して捨てた．

(7)　有機廃液を，共通の有機廃液タンクに捨てた．

(8)　次回の実験テーマを確認し，必要な器具が揃っていることを確認した．

(9)　レポートの締め切り日を確認した．

(10) 今日の掃除当番にあたっているかどうか確認した．

点検票8　中和熱の測定　　　　　　　　　　　年　　　月　　　日

学部　　　　　学科　　年　学籍番号　　　　　氏名

下記の各項目について点検を終わりました．　　　　　　　**Check!**

(1)　水道栓，ガス栓，ガスバーナーは閉じてある．

(2)　破損した器具の補充，交換をすませた．

(3)　実験器具の洗浄，後片付けをすませた．
　　（氷熱量計のゴム栓とピペット，試験管は分解しない）

(4)　実験台とその周辺を整理整頓し，きれいに拭いた．

(5)　可燃ゴミやガラスくずなどを，共通のくず入れに分別して捨てた．

(6)　次回の実験テーマを確認し，必要な器具が揃っていることを確認した．

(7)　レポートの締め切り日を確認した．

(8)　今日の掃除当番にあたっているかどうか確認した．

点検票 9   食酢中の酢酸の定量

_____ 年 _____ 月 _____ 日

_____ 学部 _____ 学科 _____ 年 学籍番号 _____ 氏名 _____

下記の各項目について点検を終わりました.　　　**Check!**

(1) 水道栓, ガス栓, ガスバーナーは閉じてある.

(2) 破損した器具の補充, 交換をすませた.

(3) 実験器具の洗浄, 後片付けをすませた.

(4) ビュレットの活栓を外し, 逆さにした.

(5) 実験台とその周辺を整理整頓し, きれいに拭いた.

(6) 可燃ゴミやガラスくずなどを, 共通のくず入れに分別して捨てた.

(7) 次回の実験テーマを確認し, 必要な器具が揃っていることを確認した.

(8) レポートの締め切り日を確認した.

(9) 今日の掃除当番にあたっているかどうか確認した.

点検票10   時計反応の反応速度

_____ 年 _____ 月 _____ 日

_____ 学部 _____ 学科 _____ 年 学籍番号 _____ 氏名 _____

下記の各項について点検を終わりました.　　　**Check!**

下記の各項目について点検を終わりました.

(1) 水道栓, ガス栓, ガスバーナーは閉じてある.

(2) 破損した器具の補充, 交換をすませた.

(3) 実験器具の洗浄, 後片付けをすませた.

(4) 実験台とその周辺を整理整頓し, きれいに拭いた.

(5) 可燃ゴミやガラスくずなどを, 共通のくず入れに分別して捨てた.

(6) 次回の実験テーマを確認し, 必要な器具が揃っていることを確認した.

(7) レポートの締め切り日を確認した.

(8) 今日の掃除当番にあたっているかどうか確認した.

点検票11   モル比熱の測定

_____ 年 _____ 月 _____ 日

_____ 学部 _____ 学科 _____ 年 学籍番号 _____ 氏名 _____

下記の各項目について点検を終わりました.　　　**Check!**

(1) 水道栓, ガス栓, ガスバーナーは閉じてある.

(2) 破損した器具の補充, 交換をすませた.

(3) 実験器具の洗浄, 後片付けをすませた.

(4) 実験台とその周辺を整理整頓し, きれいに拭いた.

(5) 可燃ゴミやガラスくずなどを, 共通のくず入れに分別して捨てた.

(6) 次回の実験テーマを確認し, 必要な器具が揃っていることを確認した.

(7) レポートの締め切り日を確認した.

(8) 今日の掃除当番にあたっているかどうか確認した.

点検票12　吸光度と吸収スペクトルの測定　　　　年　　月　　日

学部　　　　学科　　年　学籍番号　　　　氏名

下記の各項目について点検を終わりました.　　　　　　　**Check!**
(1)　水道栓, ガス栓, ガスバーナーは閉じてある.　□
(2)　破損した器具の補充, 交換をすませた.　□
(3)　実験器具の洗浄, 後片付けをすませた.　□
(4)　実験台とその周辺を整理整頓し, きれいに拭いた.　□
(5)　可燃ゴミやガラスくずなどを, 共通のくず入れに分別して捨てた.　□
(6)　次回の実験テーマを確認し, 必要な器具が揃っていることを確認した.　□
(7)　レポートの締め切り日を確認した.　□
(8)　今日の掃除当番にあたっているかどうか確認した.　□

- -

点検票B　後片付け　　　　　　　　　　　　　年　　月　　日

学部　　　　学科　　年　学籍番号　　　　氏名

下記の各項目について点検を終わりました.　　　　　　　**Check!**
(1)　水道栓, ガス栓, ガスバーナーは閉じてある.　□
(2)　「常備器具一覧」にしたがって, 器具の点検, 補充, 交換をすませた.　□
(3)　実験器具の洗浄, 後片付けをすませた.　□
(4)　実験台とその周辺を整理整頓し, きれいに拭いた.　□
(5)　可燃ゴミやガラスくずなどを, 共通のくず入れに分別して捨てた.　□
(6)　実験廃液を, 共通の廃液タンクに分別して捨てた.　□
(7)　今日の掃除当番にあたっているかどうか確認した.　□

- -

点検票　予備　　　　　　　　　　　　　　　　年　　月　　日

学部　　　　学科　　年　学籍番号　　　　氏名

下記の各項目について点検を終わりました.　　　　　　　**Check!**
(1)　水道栓, ガス栓, ガスバーナーは閉じてある.　□
(2)　破損した器具の補充, 交換をすませた.　□
(3)　実験器具の洗浄, 後片付けをすませた.　□
(4)　実験台とその周辺を整理整頓し, きれいに拭いた.　□
(5)　可燃ゴミやガラスくずなどを, 共通のくず入れに分別して捨てた.　□
(6)　実験廃液を, 共通の廃液タンクに分別して捨てた.　□
(7)　次回の実験テーマを確認し, 必要な器具が揃っていることを確認した.　□
(8)　レポートの締め切り日を確認した.　□
(9)　今日の掃除当番にあたっているかどうか確認した.　□

掃除当番作業一覧表[*]

○共通の試薬棚
共通の試薬棚に置かれている試薬ビンを，カートなどを使って集める．
集めた試薬で，少なくなっている試薬があれば補充する．
試薬ビンが汚れていれば，雑巾で拭き取る．
試薬ビンを，薬品戸棚に種類別にしまう．
試薬棚をぞうきんで拭く．
次回の実験に使用する共通の試薬を薬品戸棚から出し，各試薬棚に配る．
内容物が少なくなっている試薬ビンがあれば，補充する．

○ドラフト
雑巾でドラフト内を掃除する．

○遠心分離機
コンセントを抜く．
遠心機とその回りを雑巾で拭く．
遠心機の中にアルミ管が残っていないか確認する．
アルミ管を水ですすいで，試験管立てに立てかけておく．
遠心分離機用の洗ビンに蒸留水を補充する．
遠心機のカバーをかける．

○蒸留水
共通の蒸留水のビンに，補充用のタンクからポンプを使って補充する．
または，補充してあるビンと置き換える．

○床の掃除
ほうきで床の掃き掃除をする．
床に水がこぼれているところがあれば，モップで拭き取る．
共通のゴミ箱にある，燃えるゴミを，大きなポリ袋にまとめて入れる．

○その他
黒板を消す．
黒板消しをクリーナーを使ってきれいにする．
廃液用の洗びんに，水道水を補充する．
教卓を雑巾で拭く．
窓を閉め，鍵をかける．
換気扇を止め，ブラインドを下ろす．

[*]実験室によって作業内容は多少異なる．

Ⅲ 付 録	参考書

化学実験の背景となる理論については多くの参考書がある．大学受験用参考書には優れたものが多く，高校での化学履修者も，本実験と並行して復習するとより効果的であろう．

実験操作を詳しく解説した参考書の一つに下記のものがある．

『イラストで見る化学実験の基礎知識』（飯田ら）丸善出版

実験を安全に行うためには，下記の書物が役に立つ．

『実験を安全に行うために』（化学同人編集部）化学同人

『続 実験を安全に行うために―基本操作・基本測定編―』同上

『続続 実験を安全に行うために―失敗事例集―』同上

また大学ごとに「安全管理マニュアル」が作成してあるので，それを一読しておくのがよい．

理科系全般のレポートの書き方については，下記が参考になる．特に『理科系の作文技術』は，理科系学生必読の古典的名著である．

『理科系の作文技術』（木下是雄）中公新書

『レポートの組み立て方』（木下是雄）ちくま学芸文庫

なお，実験8と11のデザインはそれぞれ，『化学 物質研究の道程』（玉虫文一）培風館，および『いきいき物理わくわく実験』（愛知・岐阜物理サークル）新生出版　を参考にした．

Ⅲ 付 録	SI単位系

表1　SI基本単位

物理量	SI単位の名称	SI単位の記号
長さ	メートル	m
質量	キログラム	kg
時間	秒	s
電流	アンペア	A
温度	ケルビン	K
物質量	モル	mol

ケルビン「K」を「°K」としないように注意する．0℃=273.15K である

表2　SI組立単位の例

物理量	SI単位の名称	SI単位の記号
力	ニュートン	$N = kg\,m\,s^{-2} = J\,m^{-1}$
圧力	パスカル	$Pa = N\,m^{-2}$
エネルギー	ジュール	$J = kg\,m^2\,s^{-2} = Nm$
仕事率	ワット	$W = kg\,m^2\,s^{-3} = J\,s^{-1}$

表3　よく用いられる非SI単位の例

物理量	単位の名称	SI単位での等価量
長さ	オングストローム	$1Å = 10^{-10}m$
体積	リットル	$1L = 10^{-3}m^3$
圧力	気圧	$1atm = 101325Nm^{-2}$
エネルギー	カロリー	$1cal = 4.1840J$

表4　SI接頭語

倍数	接頭語	記号	倍数	接頭語	記号
10^{12}	テラ	T	10^{-3}	ミリ	m
10^{9}	ギガ	G	10^{-6}	マイクロ	μ
10^{6}	メガ	M	10^{-9}	ナノ	n
10^{3}	キロ	k	10^{-12}	ピコ	p
10^{-1}	デシ	d	10^{-15}	フェムト	F
10^{-2}	センチ	c			

キロ「k」は小文字である．「K」と書かないように注意する．

4桁の原子量表 （2023）

（元素の原子量は，質量数12の炭素（¹²C）を12とし，これに対する相対値とする。）

　本表は，実用上の便宜を考えて，国際純正・応用化学連合(IUPAC)で承認された最新の原子量に基づき，日本化学会原子量委員会が独自に作成したものである。本来，同位体存在度の不確定さは，自然に，あるいは人為的に起こりうる変動や実験誤差のために，元素ごとに異なる。従って，個々の原子量の値は，正確度が保証された有効数字の桁数が大きく異なる。本表の原子量を引用する際には，このことに注意を喚起することが望ましい。

　なお，本表の原子量の信頼性はリチウム，亜鉛の場合を除き有効数字の4桁目で±1以内である。また，安定同位体がなく，天然で特定の同位体組成を示さない元素については，その元素の放射性同位体の質量数の一例を（）内に示した。従って，その値を原子量として扱うことは出来ない。

原子番号	元素名	元素記号	原子量	原子番号	元素名	元素記号	原子量
1	水素	H	1.008	60	ネオジム	Nd	144.2
2	ヘリウム	He	4.003	61	プロメチウム	Pm	(145)
3	リチウム	Li	6.94‡	62	サマリウム	Sm	150.4
4	ベリリウム	Be	9.012	63	ユウロピウム	Eu	152.0
5	ホウ素	B	10.81	64	ガドリニウム	Gd	157.3
6	炭素	C	12.01	65	テルビウム	Tb	158.9
7	窒素	N	14.01	66	ジスプロシウム	Dy	162.5
8	酸素	O	16.00	67	ホルミウム	Ho	164.9
9	フッ素	F	19.00	68	エルビウム	Er	167.3
10	ネオン	Ne	20.18	69	ツリウム	Tm	168.9
11	ナトリウム	Na	22.99	70	イッテルビウム	Yb	173.0
12	マグネシウム	Mg	24.31	71	ルテチウム	Lu	175.0
13	アルミニウム	Al	26.98	72	ハフニウム	Hf	178.5
14	ケイ素	Si	28.09	73	タンタル	Ta	180.9
15	リン	P	30.97	74	タングステン	W	183.8
16	硫黄	S	32.07	75	レニウム	Re	186.2
17	塩素	Cl	35.45	76	オスミウム	Os	190.2
18	アルゴン	Ar	39.95	77	イリジウム	Ir	192.2
19	カリウム	K	39.10	78	白金	Pt	195.1
20	カルシウム	Ca	40.08	79	金	Au	197.0
21	スカンジウム	Sc	44.96	80	水銀	Hg	200.6
22	チタン	Ti	47.87	81	タリウム	Tl	204.4
23	バナジウム	V	50.94	82	鉛	Pb	207.2
24	クロム	Cr	52.00	83	ビスマス	Bi	209.0
25	マンガン	Mn	54.94	84	ポロニウム	Po	(210)
26	鉄	Fe	55.85	85	アスタチン	At	(210)
27	コバルト	Co	58.93	86	ラドン	Rn	(222)
28	ニッケル	Ni	58.69	87	フランシウム	Fr	(223)
29	銅	Cu	63.55	88	ラジウム	Ra	(226)
30	亜鉛	Zn	65.38*	89	アクチニウム	Ac	(227)
31	ガリウム	Ga	69.72	90	トリウム	Th	232.0
32	ゲルマニウム	Ge	72.63	91	プロトアクチニウム	Pa	231.0
33	ヒ素	As	74.92	92	ウラン	U	238.0
34	セレン	Se	78.97	93	ネプツニウム	Np	(237)
35	臭素	Br	79.90	94	プルトニウム	Pu	(239)
36	クリプトン	Kr	83.80	95	アメリシウム	Am	(243)
37	ルビジウム	Rb	85.47	96	キュリウム	Cm	(247)
38	ストロンチウム	Sr	87.62	97	バークリウム	Bk	(247)
39	イットリウム	Y	88.91	98	カリホルニウム	Cf	(252)
40	ジルコニウム	Zr	91.22	99	アインスタイニウム	Es	(252)
41	ニオブ	Nb	92.91	100	フェルミウム	Fm	(257)
42	モリブデン	Mo	95.95	101	メンデレビウム	Md	(258)
43	テクネチウム	Tc	(99)	102	ノーベリウム	No	(259)
44	ルテニウム	Ru	101.1	103	ローレンシウム	Lr	(262)
45	ロジウム	Rh	102.9	104	ラザホージウム	Rf	(267)
46	パラジウム	Pd	106.4	105	ドブニウム	Db	(268)
47	銀	Ag	107.9	106	シーボーギウム	Sg	(271)
48	カドミウム	Cd	112.4	107	ボーリウム	Bh	(272)
49	インジウム	In	114.8	108	ハッシウム	Hs	(277)
50	スズ	Sn	118.7	109	マイトネリウム	Mt	(276)
51	アンチモン	Sb	121.8	110	ダームスタチウム	Ds	(281)
52	テルル	Te	127.6	111	レントゲニウム	Rg	(280)
53	ヨウ素	I	126.9	112	コペルニシウム	Cn	(285)
54	キセノン	Xe	131.3	113	ニホニウム	Nh	(278)
55	セシウム	Cs	132.9	114	フレロビウム	Fl	(289)
56	バリウム	Ba	137.3	115	モスコビウム	Mc	(289)
57	ランタン	La	138.9	116	リバモリウム	Lv	(293)
58	セリウム	Ce	140.1	117	テネシン	Ts	(293)
59	プラセオジム	Pr	140.9	118	オガネソン	Og	(294)

‡：人為的に⁶Liが抽出され，リチウム同位体比が大きく変動した物質が存在するために，リチウムの原子量は大きな変動幅をもつ。従って本表では例外的に3桁の値が与えられている。なお，天然の多くの物質中でのリチウムの原子量は6.94に近い。

＊：亜鉛に関しては原子量の信頼性は有効数字4桁目で±2である。

© 2023日本化学会　原子量専門委員会

元素の周期表 (2023)

凡例：

原子番号	元素記号 注1
1	H
元素名	水素
	原子量 (2020) 注2

族＼周期	1	2	3	4	5	6	7	8	9	10	11	12	13	14	15	16	17	18
1	1 H 水素 1.00784~1.00811																	2 He ヘリウム 4.002602
2	3 Li リチウム 6.938~6.997	4 Be ベリリウム 9.0121831											5 B ホウ素 10.806~10.821	6 C 炭素 12.0096~12.0116	7 N 窒素 14.00643~14.00728	8 O 酸素 15.99903~15.99977	9 F フッ素 18.998403162	10 Ne ネオン 20.1797
3	11 Na ナトリウム 22.98976928	12 Mg マグネシウム 24.304~24.307											13 Al アルミニウム 26.9815384	14 Si ケイ素 28.084~28.086	15 P リン 30.973761998	16 S 硫黄 32.059~32.076	17 Cl 塩素 35.446~35.457	18 Ar アルゴン 39.792~39.963
4	19 K カリウム 39.0983	20 Ca カルシウム 40.078	21 Sc スカンジウム 44.955907	22 Ti チタン 47.867	23 V バナジウム 50.9415	24 Cr クロム 51.9961	25 Mn マンガン 54.938043	26 Fe 鉄 55.845	27 Co コバルト 58.933194	28 Ni ニッケル 58.6934	29 Cu 銅 63.546	30 Zn 亜鉛 65.38	31 Ga ガリウム 69.723	32 Ge ゲルマニウム 72.630	33 As ヒ素 74.921595	34 Se セレン 78.971	35 Br 臭素 79.901~79.907	36 Kr クリプトン 83.798
5	37 Rb ルビジウム 85.4678	38 Sr ストロンチウム 87.62	39 Y イットリウム 88.905838	40 Zr ジルコニウム 91.224	41 Nb ニオブ 92.90637	42 Mo モリブデン 95.95	43 Tc* テクネチウム (99)	44 Ru ルテニウム 101.07	45 Rh ロジウム 102.90549	46 Pd パラジウム 106.42	47 Ag 銀 107.8682	48 Cd カドミウム 112.414	49 In インジウム 114.818	50 Sn スズ 118.710	51 Sb アンチモン 121.760	52 Te テルル 127.60	53 I ヨウ素 126.90447	54 Xe キセノン 131.293
6	55 Cs セシウム 132.90545196	56 Ba バリウム 137.327	57~71 ランタノイド	72 Hf ハフニウム 178.486	73 Ta タンタル 180.94788	74 W タングステン 183.84	75 Re レニウム 186.207	76 Os オスミウム 190.23	77 Ir イリジウム 192.217	78 Pt 白金 195.084	79 Au 金 196.966570	80 Hg 水銀 200.592	81 Tl タリウム 204.382~204.385	82 Pb 鉛 206.14~207.94	83 Bi* ビスマス 208.98040	84 Po* ポロニウム (210)	85 At* アスタチン (210)	86 Rn* ラドン (222)
7	87 Fr* フランシウム (223)	88 Ra* ラジウム (226)	89~103 アクチノイド	104 Rf* ラザホージウム (267)	105 Db* ドブニウム (268)	106 Sg* シーボーギウム (271)	107 Bh* ボーリウム (272)	108 Hs* ハッシウム (277)	109 Mt* マイトネリウム (276)	110 Ds* ダームスタチウム (281)	111 Rg* レントゲニウム (280)	112 Cn* コペルニシウム (285)	113 Nh* ニホニウム (278)	114 Fl* フレロビウム (289)	115 Mc* モスコビウム (289)	116 Lv* リバモリウム (293)	117 Ts* テネシン (293)	118 Og* オガネソン (294)

ランタノイド (57~71)：

57	58	59	60	61	62	63	64	65	66	67	68	69	70	71
La ランタン 138.90547	Ce セリウム 140.116	Pr プラセオジム 140.90766	Nd ネオジム 144.242	Pm* プロメチウム (145)	Sm サマリウム 150.36	Eu ユウロピウム 151.964	Gd ガドリニウム 157.25	Tb テルビウム 158.925354	Dy ジスプロシウム 162.500	Ho ホルミウム 164.930329	Er エルビウム 167.259	Tm ツリウム 168.934219	Yb イッテルビウム 173.045	Lu ルテチウム 174.9668

アクチノイド (89~103)：

89	90	91	92	93	94	95	96	97	98	99	100	101	102	103
Ac* アクチニウム (227)	Th* トリウム 232.0377	Pa* プロトアクチニウム 231.03588	U* ウラン 238.02891	Np* ネプツニウム (237)	Pu* プルトニウム (239)	Am* アメリシウム (243)	Cm* キュリウム (247)	Bk* バークリウム (247)	Cf* カリホルニウム (252)	Es* アインスタイニウム (252)	Fm* フェルミウム (257)	Md* メンデレビウム (258)	No* ノーベリウム (259)	Lr* ローレンシウム (262)

注1：元素記号の右肩の*はその元素には安定同位体が存在しないことを示す。そのような元素については放射性同位体の質量数の一例を ( ) 内に示した。ただし、Bi, Th, Pa, U については天然で特定の同位体組成を示すので原子量が与えられる。

注2：この周期表には最新の原子量「原子量表 (2023)」が示されている。その組成が天然において大きく変動するため原子量が範囲で示されている14元素には複数の安定同位体が存在し、その組成が単一の数値あるいは範囲で示されている。原子量が与えられないその他の71元素については、原子量の不確かさは示された数値の最後の桁にある。

備考：原子番号104番以後の超アクチノイドの周期表での位置は暫定的である。

©2023 日本化学会 原子量専門委員会

索　引

著　者

田中　晶善
<small>たなか　あきよし</small>
　京都大学農学部，同大学院を経て
　1982〜2019年　三重大学勤務
　現　在　三重大学名誉教授
　専　門　生物物理化学

図版・写真作成，本文改訂協力
藤森　豊（三重大学全学共通教育センター）

新版これならわかる化学実験
<small>かがくじっけん</small>

2006年 4 月20日	初　版第 1 刷発行
2008年 4 月 1 日	第 2 版第 1 刷発行
2021年 3 月31日	第 2 版第 6 刷発行
2024年 3 月30日	新　版第 1 刷発行

　　　Ⓒ　著 者　田　中　晶　善
　　　　　発行者　秀　島　　　功
　　　　　印刷者　渡　辺　善　広

東京都千代田区神田神保町 3 の 2
振替 00110 - 9 - 1065
郵便番号 101 - 0051　電話 03 (3264) 5711　FAX 03 (3265) 5149
https://www.sankyoshuppan.co.jp/

一般社団法人 **日本書籍出版協会**・一般社団法人 **自然科学書協会**・**工学書協会**　会員

Printed in Japan　　　　　　　　　　　印刷・製本　壮光舎

ISBN 978 - 4 - 7827 - 0832 - 3